光明城
LUMINOCITY

看见我们的未来

平民设计
日用即道

第15届威尼斯国际建筑双年展
中国国家馆

Daily Design
Daily Tao

15th International Architecture Exhibition- la Biennale di Venezia
China Pavilion

左 靖 主编

同济大学出版社
TONGJI UNIVERSITY PRESS

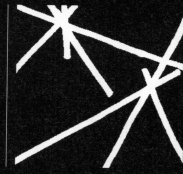
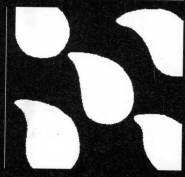
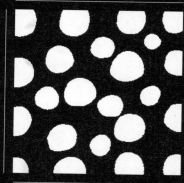
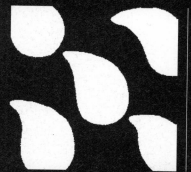

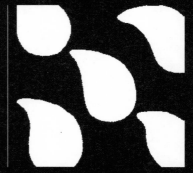
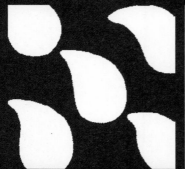

平 民 设 计
日 用 即 道

Exhibition Layout of China Pavilion

1. Courtyard House Plugin—People's Architecture Office
2. Yangmeizhu Xiejie—Approach Architecture Studio
3. Dashilar and Dashila(b)—Approach Architecture Studio
4. HOME· Communal Garden—XIE Xiaoying TONG Yan HUANG Haitao QU Zhi View Unlimited LA, CUCD
5. WUYONG The Earth—MA Ke
6. Another Alternative: Township Reconstruction—ZUO Jing
7. Country Construction Institute—Rùn Atelier ＋ ZUO Jing
8. Qian Tong House—Rùn Atelier
9. Maoping Village School, Leiyang—WANG Lu
10. Something About Food—SONG Qun
11. Crafts in Yixian County—ZUO Jing
12. Order of modern tenon-and-mortise work—Rùn Atelier
13. DOU Pavilion—ZHU Jingxiang
14. HOME· Communal Garden—XIE Xiaoying TONG Yan HUANG Haitao QU Zhi View Unlimited LA, CUCD

中国馆展场分布图

1、内盒院 — 众建筑
2、杨梅竹斜街 — 场域建筑
3、大栅栏 & Dashila(b) — 场域建筑
4、安住—平民花园 — 谢晓英 童岩 黄海涛 瞿志 无界景观
5、無用之土地 — 马可
6、另一种可能: 乡镇建设 — 左靖
7、乡村建造学社 — 润建筑 ＋ 左靖
8、前童木构 — 润建筑
9、耒阳希望小学 — 王路
10、与食有关的物 — 宋群
11、黟县百工 — 左靖
12、现代榫卯木构柱式 — 润建筑
13、斗室 — 朱竞翔
14、安住—平民花园 — 谢晓英 童岩 黄海涛 瞿志 无界景观

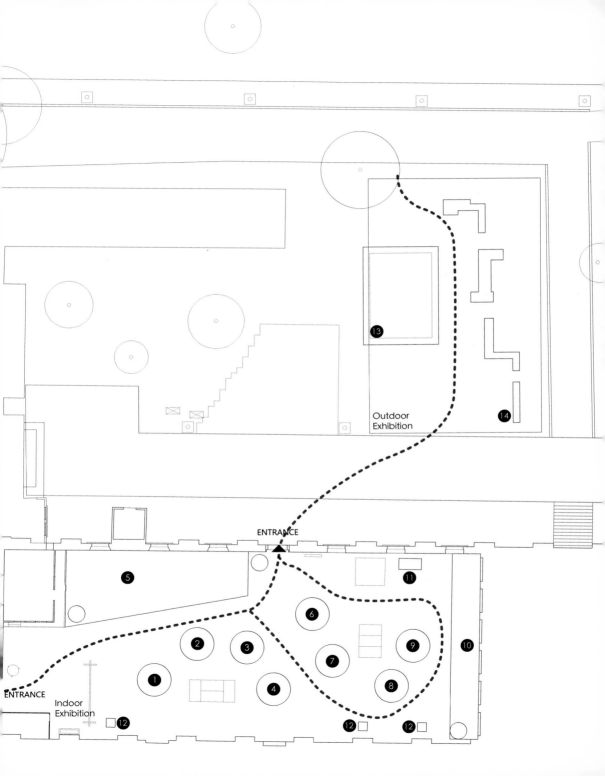

Outdoor
Exhibition

ENTRANCE

Indoor
Exhibition

ENTRANCE

Preface

It has been 10 years since China Pavilion's first participation in the 10th International Architecture Exhibition - La Biennale di Venezia in 2006.

It is a decade that has witnessed the rapid development of Chinese economy with global attention, and how the contemporary Chinese architecture overcame its own limitations and gained international fame. It is a decade in which China transformed remarkably in all social sectors in the trends of globalization and urbanization, and it is the fertile social soil nourished by the changes that provides the premise of architectural practice and artistic creation. Placed in such social and cultural context, contemporary Chinese architecture is presenting proper dimensions and philosophy with unique modality and enabling new development of contemporary architecture in China and across the globe.

An overview of the curatorial themes of China Pavilion at the International Architecture Exhibition - La Biennale di Veneziain the past decade – Tiles Garden, Ordinary Architecture, Here for a Chinese Appointment, Originaire and Mountains beyond Mountains – not only demonstrate the reflection and response from each curator, but also present the Chinese social phenomena and major cultural issues in the past decade from an architectural viewpoint. Social issues such as tradition and modernity, urban and rural areas, generality and peculiarity are pondered over by Chinese architects, from which the thoughts and practices generated are shaping the Chinese cultural and social landscape.

Artistic director Alejandro Aravena of the 15th International Architecture Exhibition – La Biennale di Venezia has defined Reporting from the Front as the theme, aiming to focus on the relationship between architecture and daily life, and returning to the track of serving the public. As the front line of construction activities in Asia and even around the world, the architectural phenomena in China have attracted global attention.

We are delighted to see that the theme of China Pavilion this year – Daily Design, Daily Tao –proposes a natural and poetic approach to return to the vanishing homeland, rediscovering the wisdom and ideal of life forgotten in the daily construction and objects. We also believe that it is a great opportunity for Chinese architects to share successful cases and address the international architectural arena how they have been exploring in the global context and reestablishing traditional values and lifestyle against the wave of modernization.

China Arts and Entertainment Group
May 2016

前言

自2006年首次亮相于威尼斯国际建筑双年展，中国馆至今已走过了10年。

这是中国经济迅猛发展、备受世界瞩目的10年，也是中国当代建筑突破自身桎梏、快速成长、跻身国际建筑视野的10年。10年间，在全球化与都市化的激荡声中，中国社会在各个层面发生了很大的变化，而这些变化所滋养出来的丰富的社会土壤，正是中国当代建筑师和艺术家建筑实践与艺术创作的前提。置身这样的社会和文化语境中，中国当代建筑以自身独特的样态，呈现了其应有的尺度和思想性，为中国乃至世界当代建筑的发展提供了新的可能。

综观过去10年中国馆在威尼斯国际建筑双年展上的主题——瓦园、普通建筑、来此与中国相会、原初、山外山，这些关键词呈现的不仅是过去每届中国馆策展人根据双年展总主题做出的思考和回应，更是过去10年中国社会现象和文化焦点议题在建筑层面的写照，从中我们能清晰地看到中国建筑师对诸如传统与现代、城市与乡村、日常与非寻常等社会议题的关注和思考，而这些思考和实

践所产生的效应正在以丰富的态势塑造着中国的人文和社会景观。

今年，总策展人亚力杭德罗·阿拉维纳确定的主题为"前线报告"，意在关注建筑与普通人民生活的联系，让建筑设计回到服务于大众的重要轨道上。作为亚洲乃至世界建造活动的"前线"，中国的建造现象深深吸引着世界的目光。

我们欣喜地看到，此次中国馆以"平民设计、日用即道"为主题的展示，正是以质朴无华却又近乎诗意的方式，重回我们正在逝去的家园与乡土，寻找那些被遗忘在日常建造和寻常器物中的生活智慧和栖居理想。我们也相信，这是一次向国际建筑界发声、分享成功案例、传递中国建筑师如何在全球化语境中探索、重建那些在现代化的大潮中渐行渐远的传统价值观和生活方式的良好机会。

中国对外文化集团公司
2016年5月

Daily Design, Daily Tao
Back to the Ignored Front

Our nation's dignity, welfare and equality are the original reasons for modernization in the last hundred years. In China dealing with these issues is the *'ignored front'* of modernization.

Chinese architecture has been pioneering in the nation's modernization for the last three decades. However, developments generally focus only on the new 'futuristic' frontier - 'spectacular' buildings and cities are erected one after another, seldom taking a glance at the things passed by - ancient traditions and daily lives.

This exhibition is about things and designs that embodies the traditions of the past and to have a lasting presence.

Our ancient Chinese concept of Tao is an active and holistic conception of Nature. Tao can be roughly thought of as the flow of the Universe, or as some essence or pattern behind the natural world that keeps the Universe balanced and ordered.

Daily Design follows Daily Tao. It satisfies us in our daily lives not by introducing a new **future** to replace the **past**, but by polishing the **past** and integrating it into our daily lives. It doesn't intervene, instead, it mediates communities. It makes design accessible to the majority's lives. It does not believe that architecture has a bright **future** on our planet, unless we act abstemiously and responsibly in the **present**.

Together, we would like to share our faith in ancient Chinese wisdom with the rest of the world.

LIANG Jingyu
Curator of China Pavilion
15th International Architecture Exhibition la Biennale di Venezia

Daily Design, Daily Tao
Ritorno al Fronte Ignorato

Dignità, benessere ed uguaglianza sono alle origini dei passati cento anni di modernizzazione Cinese. La loro ricerca ed attuazione rappresentano il 'fronte ignorato' nella modernizzazione della nostra nazione.

Il ruolo dell'architettura è stato pionieristico nel processo di modernizzazione del paese degli ultimi trent'anni. Tuttavia il suo sviluppo si è generalmente focalizzato sulle nuove frontiere 'futuristiche' – progetti e città 'spettacolari' sono sorti uno dopo l'altro con poco riguardo per il passato, le antiche tradizioni e le vite ordinarie.

Questa mostra intende volgere lo sguardo sulle cose ed il design che incorporano tradizioni durature.

L'antico concetto di Tao nel pensiero Cinese esprime una visione olistica e attiva della Natura. Il Tao può essere inteso come il flusso dell'Universo, o come un motivo ricorrente, una qualità essenziale, che mantiene ordine ed equilibrio al suo interno.

Un design del quotidiano che segue dunque il Tao quotidiano. Esso ci assiste nell' ordinarietà della vita senza sostituire il passato con il *futuro*, ma raffinandolo ed integrandolo nel *presente*. Esso non interviene nelle nostre comunità ma ne media le relazioni, rendendo il design accessibile alla maggioranza. Esso crede che l'unico *futuro* positivo per l'architettura sul pianeta sia uno in cui essa venga esercitata con modestia e senso di responsabilità nel *presente*.

La saggezza insita nell'antico pensiero Cinese è ciò che vogliamo condividere con il mondo.

LIANG Jingyu
Curatore, Padiglione della Cina
15. Mostra Internazionale di Architettura - La Biennale di Venezia

平民设计，日用即道
不能忽视的前线

百年来，我们追求现代化的初衷是为了每个人生活的尊严、福祉，以及民族群体的公平与文明。身处今日现代化的洪流巨浪当中，这始终是我们不能忽视的前线。

30年来，中国建筑界的前线即国家现代化的前线。然而疾行在前线的中国建筑师们无暇左顾右盼，唯有向前，凭此专注精神，创造出一个又一个建筑与城市的奇观胜景。却较少留意我们的传统和日常生活。

这个展览关乎日久弥新的传统与设计。

为什么有些东西可以持久穿越历史照耀至今？大儒王艮认为这是因为它们共同遵循的"道"。这个道不是别的，就是日常生活的智慧。他称之为"*日用即道*"。这些可以持久的东西中蕴含古人的智慧，而若是在别处，可能已被遗忘或抛弃。*日用即道*指导我们如何*持久*地与自然相处，因为古人早就知道，他们的子孙不可能脱离大自然独立存在。古人生活的智慧既是我们今人找回与自然和谐相处的路径，也是克服未来困难的指引。

"平民设计"服从日用即道。它并非试图用未来替代过去，而是对过去进行打磨之后，将之融入今天的生活；它不干涉，却是积极调解社群生活；它使设计成果可以被大多数人享用；它认为我们必须有节制、敢于担当责任，否则建筑学不会有光明的未来。

在此，让我们一道，与世界分享我们对中华传统文化的忠诚信心。

梁井宇
第15届威尼斯国际建筑双年展中国国家馆策展人

Introduction

We, human beings, make mistakes. One of the mistakes we make is that we believe in "the future". We think the future can solve our problems caused by our wrongdoings in the "past". We are not satisfied in the "present" due to our limited abilities and unlimited desires. We wish the future could bring us more power and resources, in order to make our lives better. We constantly search for a new future to replace the imperfect past. The *future* may temporarily replace the past, but it doesn't always "last". To live in the present is the mindful way and the present recognizes only the things that last.

Whether we noticed it or not, while claiming victories for spectacular modernization, we are losing our *home* base. First vanished were our ancient cultural traditions and life style, then the city wall. After that, numerous areas of historic towns and cities were bulldozed. Today, even the most remote villages are coveted by investors.

People may say that these losses are only felt by the cultural conservatives. One century ago, New Culture Movement's infusers, and their successors today, have considered these loses necessary for the nations' modernization to progress. The traditions we have lost may seem dispensable, but no matter which side you take, the consequences of this rapid development are unbearable: climate change, depleted natural resources and increasing polarization of the rich and poor.

We must focus on the Ignored Front – dignity, welfare and equality. These are more urgent issues than catching the great leap of futuristic development: improving basic living conditions for the poor - rather than the affairs of the rich; decreasing waste - rather than producing more; ceasing pollution of air, water and food - rather than focusing on increasing the speed of traffic and rapidly increasing the size of each city.

The great thinker Wang Yangming (1472-1529) explained the most well-known Confucian term "Ge Wu Zhi Zhi" as "By living away from material, one can know the truth."

So, what is the truth of the problems we are facing? When we look closer at this ignored front, those unrelated issues are rooted in the same cause – Materialism: the endless craving for material causes crises for resources and for the environment. The fetish for advanced technologies misleads us into thinking such crises can be solved before it is too late. Thus, the initial motivation of modernization is substituted for the search for technological development. Although almost every time we cheer for a new step in technological advancement, we create more complicated consequences.

Looking back at our history, generation after generation, we can find that our great ancestors have been telling us the truth all along: Live abstemiously, yet be awed by nature.

This is what we need today to cure the trauma of the Earth and its inhabitants.

So how can we return to those values – after we have chosen to abandon them and embrace materialism for past decades?

Confucian Wang Gen, the Master Wang Yangming's student, believed Daily Tao exists in the daily lives. In fact, he said, "Daily Tao is daily life". It is true that many old towns and villages as well as traditional architectures are disappearing, but Tao is not. It is still in our people's daily lives.

In the book Lius Commentaries of History, 239 B.C.E, author Lu Buwei(292 B.C.E -235 B.C.E.) said: "The key of everything begins with self-regulating. The world can only be regulated when everyone has been; cure the yourself, then the world is cured. If you want to solve the problems of the world, focus on yourself."

Daily design is to learn and find the lasting ancient wisdoms through today's ordinary lives. By doing so, we re-establish our cultural traditions, the backbone of sustainable development. Let design serve the ordinary majority. This is the ignored front of architecture we cannot afford to ignore. Only when we return to serve the majority of people's lives, can architecture resume the original idealities of modernization.

In other words, Daily Design means giving up self-stylish tags and personal attitudes. It provides quality design, professionalism. It specifically applauds the following endeavors:

Being Local: applying mostly local materials, craftsmanship and labor, while respecting local traditions.

Being Abstemious: the cost of the building is affordable to Nature and to ordinary people.

Being Responsible: the solution to one problem does not cause more problems. Instead, it inspires and encourages us to the fight we are facing everywhere: the environment crises and the difficult living conditions in the city and rural areas.

In the current Chinese context, such Daily Design works are awfully rare, compared to the overwhelming number of 'spectacular' buildings in China today.

How do we serve the ordinary majority of people better? The China Pavilion exhibitors and their work may give us some ideas: Return to the daily life; find the Tao through our tradition.

Here, I am proudly introducing to the exhibition and to the world audience. Daily Design/Daily Tao, the vision of our glorious history and remaining wisdom. Without a doubt, it represents very bright and lasting potential.

LIANG Jingyu
Curator of China Pavilion
15th International Architecture Exhibition la Biennale di Venezia

概述

我们是凡人，不免犯错。其中一个就是迷信"未来"。我们以为未来可以纠正"过去"犯下的错误；我们因有限的能力和无限的欲望而对"现实"报以不满，盼望未来赋予我们更多的力量与资源，生活因此才能变得更加美好。我们不断寻找一个新的未来替代不完美的过去。未来也许可以暂时替代"过去"，但是却不一定"持久"。因为现实总是选择那些经过时间考验，可以持久的东西。

就在我们欢呼现代化的壮丽成就时，我们的大后方却失守了。先是传统文化和生活方式的失守。之后，城墙拆了，再之后，一片片旧城区消失了。今天，连最边远的古老村寨也被资本觊觎。

说"失守"是站在传统文化守护者的角度而言的。过去新文化运动的推动者、今天的继承者看来，这不过是现代化发展的代价。失去传统也许微不足道，但是伴随现代化发展而来的其他更为严重的"副作用"，不管站在什么立场看，都是我们难以承受的：人为造成的气候灾难、自然资源枯竭、贫富差距加大，等等。

我们必须回到不能忽视的前线来——尊严、福祉与公平。这远比单纯发展更为紧急：牺牲大量低收入人群的基本居住条件与社会尊严，换取少数富裕阶层的现代化生活有何公平可言？减少浪费而不是生产更多。停止污染空气、水、食物，而不是更大面积的住房、更发达的科技产品、更快的交通。

在王阳明（1472-1529）看来，儒学的名言"格物致知"是说我们必须远离物欲，方能获知被物欲遮蔽的真理。（[明]王守仁《传习录》卷下："只是物欲蔽了，须格去物欲。"）

当我们开始认真关注这一被忽视的前线时，起初看起来并不相关的问题，逐渐指向它们共同的起因——人类无节制的物质欲望。对物质的无限渴望是造成环境问题、资源枯竭的根本原因。对技术发展的盲目乐观又让我们迷信技术能解决资源和环境问题，由此继续支撑我们的物质欲望。可每一次的技术进步又往往带来更多的难以解决的棘手问题。

只有看到问题真正的根源，我们才能更深刻地明了自己失守的大后方——中国传统文化的真正价值。因为中国古圣先贤的勤俭持家、敬畏自然的思想正是标本兼治的良药。

如何重建这些饱受现代化摧残的传统价值观？大后方已然失守，传统又在哪里？王阳明的学生，明朝的思想家王艮（1483-1541）说"百姓日用即道"——传统的城市没有了，乡村没有了，建筑没有了，甚至传统的生活方式也没有了，祖先的智慧之道、价值观还蕴藏在平民百姓的日用之间，如同我们文化的DNA延绵不息。

《吕氏春秋》有言："凡事之本，必先治身。成其身而天下成，治其身而天下治，为天下者，不于天下于身。"治理天下大事要从修身入手，淡泊物欲、敬畏自然，这样的观念长久以来一直渗透在传统生活的方方面面。

平民设计，日用即道。就是要躬身学习祖祖辈辈遗留在平民百姓当中的智慧，重建我们的传统。让设计回到多数人——平民百姓当中。这是中国建筑不能忽视的前线。因为只有传统，才能成为现代化发展可持续的坚实基础。只有平民设计，建筑才能找回被遗忘的现代主义理想。

简而言之，平民设计是指设计师放弃私我的形象标签及设计态度，以专业技能实现的高质量设计。在当下的中国，这更具体地包括如下特征：

一、本土：积极采用当地的材料、工艺和劳动力，守望传统；

二、节约：造价控制在平民可负担的水平；

三、责任：暂时性解决一个建筑项目的问题，不造成更多的问题，而能昭示对更普遍而深远的城乡居住问题、环境问题的参考与借鉴意义。

令人遗憾的是，在今日中国，相对于层出不穷的、由大量金钱堆砌，精致而时尚的建筑设计，新的平民设计作品少得令人尴尬。

如何让我们的设计更好地服务于大多数人？这届中国馆的参展作品也许能给出一些启示。即回到日常生活，特别是回到传统生活中去"问道"。在此，我愿意与来自世界各地的同行分享它。这是我们祖先经过世世代代的发展与改良、并可延续到未来的设计经验，这里有解决居住问题、环境问题的答案。日用即道！对于这一点，我非常确信。

结构与内容

本届中国馆参展团队有九位参展人和机构，由建筑师、景观建筑师、服装设计师及艺术家等不同身份构成，分别是（按英文名称字母顺序）：场域建筑、马可、众建筑、润建筑、宋群、无界景观（谢晓英，童岩，黄海涛，瞿志）、王路、朱竞翔和左靖。

参展人作品围绕"平民设计，日用即道"的主题，内容涵盖"衣""食""住"三个部分，分布在中国馆室内和相邻的室外处女花园两个展区。

住

关于"住"的部分，展览分成"城"与"乡"两个区域。"城"展示的是北京大栅栏文保区杨梅竹斜街的改造项目。几位建筑师从各自的实践，反映旧城及棚户区改造所面临的普遍困难和风险。"乡"的区域则是建筑师、艺术家在不同地区的实践与观察，展现农村在巨变下的危机。

应当承认，我所观察到的城乡居住景象均不乐观。作为佛教徒，我知道事物的"成、住、坏、空"自有其因缘聚散的道理，没有什么可以永驻，好的不会，坏的也不会。事物发展到最坏时，可能像我们中国人常说的，就快到否极泰来的时候了。万物彼此关联，相互影响演化。推动事物向一个方向变化的因素累积到足够多时，变化就一定会发生。我虽不乐观，但也不悲观。建筑师是社会性的职业，他们不能总是消极地应对事物的变化，而是应该尝试通过一点一滴的努力，推动事物向良性方向发展。

"城"展出的是一个代表案例——大栅栏杨梅竹斜街项目。大栅栏是北京城中心保存较为完好的历史街区。虽然暂时躲过了盲目开发的洗劫，但必须面对棚户区的历史街区的保护、居民居住条件的改善、地区商业服务的提升等等问题的考验，一直困难无解，暴露出拆迁与土地开发模式的诸多弊端。这是中国城市面临的普遍问题，也是这次展览要揭示的建筑"前线"之一。

场域建筑在大栅栏所推行的节点规划和软性实施的方式，避免了强制性的拆迁和成片建设的开发模式。在大栅栏杨梅竹斜街的试点改造中，**场域建筑**及**无界景观**两个团队的实践活动更是深入到与居民一对一的沟通。**无界景观**的花草堂项目在杂院的零散公共空间中引入立体种植，将互不往来的居民对共享杂院空间的争斗，改变为合作与共享的和睦邻里。**众建筑**则另辟蹊径，将事务所直接设立在大栅栏的胡同里。在没有客户的情况下，完成了首个内合院的建设。通过实际效果展示，获得当地居民委托……以上这些只是发生在大栅栏和杨梅竹斜街上的一小部分积极例子。负面的问题其实还很多，譬如社区组织建设缺乏、绅士化趋势、产权与使用权缺乏清晰保障、建筑的过度设计等等。大栅栏和杨梅竹斜街的发展依然面临许多挑战，需要唤起更多的同行们继续思考与实践，在大栅栏和其他类似区域，时刻保持审慎的态度。

与此"城"相对的是更为复杂而广阔的农村建设问题。也是眼下更为硝烟弥漫的前线。城里的大多数建筑师，距离农村的居住与生产方式，时空上已非常遥

远。传统农耕文明对维持地球生态环境平衡有至关重要的作用，它凝结了人类的高度智慧，也是最值得我们中国人自豪的文明，却始终没有被高度重视。在现代农业与城镇化建设的双重夹击下，传统农村的面貌正在消失。传统建造形式与技艺遭遗弃，小农自然农耕经济几近摧毁。到我们能最终认识其价值时，恐怕为时已晚。

"救活农村也是救活自己"。拯救农村不是少数建筑师对单一农舍的改造、开发民宿和观光旅游这么简单。在农村脆弱的生态体系下，处理不当，这些外来的资本与游客对当地所产生的负面影响可能多过积极的一面。

左靖的"另一种可能：乡镇建设"，"跳脱目前国内时髦的乡村建设风潮"，选择位于黔东南地区、比"村"高一级的的乡镇入手进行建设。不同于该地区丰富的传统村落、自然生态与乡土文化资源，乡镇已被较多侵蚀和破坏，"明显缺乏特色和吸引力"，反而容易开展建设。一方面，使"外来的资源在此集中和生发，同时，当地的资源不再流失或者外溢。最终使乡镇成为物质生产和消费、文化生产和消费的目的地"。另一方面，可以"严格控制不良资本进村，保护好村寨的自然生态和社区文脉，以及乡土文化的承袭与言传"。

结合过去几年的农村工作，**左靖**带来的另一个参展项目是关于民间手工艺的保护和传承的"黟县百工"计划。伴随农耕文明的发达而兴盛的手工艺，不仅是一种比工业化量产更可持续的生产与经济模式，它还是人通过劳动获得与自然相处的智慧与满足、寻求自我解放的必由之路。农村传统木结构建筑既是一个不过时的生产经济，也是农民劳动价值与自我实现的途径。**左靖**与**润建筑**的"乡村建造学社"及其提出的木构改良方案意义也在于此。具体而言，它是一份对乡村木结构建造的研究与实践样本——大量农村的建设不具备委托建筑师、工程师及专业施工队伍的条件——木结构房屋及工匠培养所要探讨的可能正是农村合适的建造方式。

在关注普遍性农村建设的研究之外，**王路**给我们带来的是建筑师参与农村建设的专业化实践的示范。农村的低造价水平常常令建筑师望而却步。同样，毛坪村浙商希望小学是一个预算非常紧张的项目。但是作品的完成度却意外地令人满意。**王路**动员了当地的农民劳力，并尽量使用回收及廉价的材料，却没有失去建筑设计的品质。作为村里的唯一公共建筑，一个既乡土又现代的场所，九年来，一直被村民和师生爱惜使用，建筑状况保持良好。

左靖、润建筑及**王路**有许多共性，比如田野调查、亲身实践的工作方法与出色的成果，值得我们敬佩与追随。但与广大农村的规模相比，少数人个案的影响力毕竟有限。而这，正是未来农村发展的痛处。

少数人的介入如何可以在更大范围发挥作用呢？**朱竞翔**和香港中文大学团队的研究项目值得我们高度重视。**朱竞翔**多年来专注于装配化的轻型建筑系统设计与生产研发，已经陆续推出了多个先进的建造体系。可定制产品化、工厂加工、质优价廉、快速装配的房屋，已经不再是住宅产业的梦想。而是完全可以在广大农村地区推广实现的产品，并极有潜力大规模改变农村自建房的低效率、高耗能、低设计水平，以及对环境破坏等种种不良问题。

朱竞翔的研究与实践还有一点值得注意。即通过实际项目展开建造体系研究，并将已研发出的体系在实践中不断地进行迭代演化，创造出多个互相关联或支持、平行或交叉的体系化的产品，具有对不同气候地形和材料的灵活适应能力。这对建筑师和产业都有重要借鉴意义。建筑师的实践不是只对单一项目的咨询服务，而是可成为持续性的研发活动，针对单一项目的设计费和研发成本便可以在多次产品应用中分摊，设计成果因此可以被更多人享用。

我们没能利用好中国过去三十年来高达天文数字的建设量，错失了研发领先世界的住宅产业化和构建其产业链的黄金时间，实在令人痛心。否则，中国的"房屋制造"今天也许与通讯设备、高铁可以并驾齐驱地走向全球市场。**朱竞翔**的实践终于让我们看到一点宝贵的希望和对未来的信心。

"衣"与"食"
虽说在建筑双年展出现非建筑的作品早已司空见惯。作为策展人，我还是该谈谈中国馆选择"衣"和"食"的理由。

从前文**朱竞翔**的实践活动我们可以发觉，作为设计师（建筑师），不能只关注最终产品（建筑）的设计，而是应当关注整个制造环节（产业链）。从原材料的采集，到生产加工的每个环节都含有设计问题。特别是当我们讨论建筑的可持续性时，更不能掩耳盗铃地只注重建筑作为完成品的生态指标。**马可**作为服装设计师，创立服装品牌**无用**之初，就将服装的完整生产周期纳入其环保理念。从棉花采购、纺纱、织布、染色、裁剪与缝纫等所有环节，都采用全天然的材料及手工制作。这种全方位的设计意识非常值得建筑师借鉴。

马可及**无用**品牌另一个突出特点是捍卫中国传统手工艺及对消费主义的尖锐批判。她通过不输于任何国际奢侈品牌的高昂产品定价，将利润补贴给手工艺人，而不是像奢侈品牌那样，将巨额利润投放广告，并进一步刺激消费者的购买欲望。**无用**的服装经久耐用，并以终身维护的方式劝说消费者减少随意性购

买，并更长时间使用同一件衣物。这种思路使"平民设计"的内涵更为饱满。平民设计的产品不是廉价的同义词，而是指经得起长时间的日常使用，甚至可以陪伴终生的物品。衣物，作为人体最小且随时可以替换的庇护所尚应如此，那么，本来就是百年大计的房屋不是更该如此考虑么？

平民设计与日用即道互为表里关系。将平民设计解读为具象的产品或建筑，日用即道就是它们共同遵循的内在原则。而将日用即道理解为具像生活的方方面面时，平民设计就是它内在的法则。当然，与日用即道说的最接近的莫过于与"食"有关的器具了。西安艺术家**宋群**的装置作品"与食有关的物"中，有一组以中国北方食品——面条为线索的器具，"包括了耕种，收割，储藏，烹饪，食用各个部分，从农具到厨具，再到餐具，贯穿从田地到饭桌的完整过程"。在中国传统文化中，与食有关的部分大概是延续和保持得最为完整的了。平民百姓、达官贵人的生活从古到今都离不开，历朝历代的文化动荡与废存之间也没有割断与食有关的这条文化线索。如果我们悉心观察，这些器物当中包含有一代又一代工匠艺人经过不断改良的设计智慧。

平民设计

中国建筑的前线究竟在哪里？摆脱贫困和改善低收入人群居住条件是大家认同的方向。可是摆脱贫困常常被简单化理解为"发展经济"——人们有钱了，就可以盖新房、改善居住条件——为了经济发展，我们似乎愿意付出任何代价。结果是我们失去了传统与环境，甚至连发展本身也变得不可持续。令人悲哀的是，假使我们不曾放下传统，并守护好我们的环境，今天的传统与环境本身就是我们"发展经济"最富足的资本。

举个常见例子，许多农村地区都曾拥有极好的自然及传统建筑景观。相邻几个村子本来条件都差不多。其中某个村早些年发展快，经济条件改善后将村子里的建筑翻新，传统建筑风貌却一去不返，土壤肥力被化学农业破坏，或者空气水源被乡镇工矿企业污染。而另一个贫困村，经济发展缓慢，大多数村民并无财力翻修房屋，传统建筑村落、自然景观都被意外保留下来了。结果这个经济发展慢的村子因为拥有资源，反而更有可能因其条件适合传统有机农业、手工艺复兴，及适度与城市互动消费和观光，形成也许缓慢，但更可持续的发展模式。

真正的前线不在显而易见的地方。真正被低估、被忽视的前线是抢救我们民族的传统、家国的环境。也正是基于这样的认识，展览中的"平民设计"不只是字面上的"平民与设计"，或"为平民的设计"，或设计里的"平民意识"。平民设计的前线在于还平民一个可持续发展的空间。如何保护平民生活中间的传统文化（比如传统建筑与建造技艺），重建传统审美观、价值观，复兴手工艺等等都是平民设计的重要部分。只有从这些方面入手，我们才不会视而不见自身所拥有的真正财富，才可能找到真正的可持续发展的道路。

日用即道

在策展概述中，我给"平民设计"的定义是"本地、节约与责任"。这些特征都可以从我选择的参展作品中轻易地找到。然而如何去体会"日用即道"呢——"道可道，非常道"——但凡可以描述的道，就已经不是真正的恒常之道了。禅宗也有"指月"的比喻：一切解释和描述真理的文字（佛经）都好比是指向月亮（真理）的手指，我们发现真理（月亮）的唯一办法是顺着手指的方向去看、去寻找，而不是盯着指头看个不停。也就是说，道，即便是遍地都是的日常之道，也无法通过文字转述获得，而必须是观者亲身的感悟。

因此，从展览主题角度出发，展览的结构又可以归纳为两个部分：以"住"为主的部分传达的是平民设计；在"衣""食"部分，则希望用熟悉的物品帮助观众情绪带入，在情境中体会日用即道。

道虽不可说，若有领悟的捷径，必然是通过亲身的行动。

梁井宇
第15届威尼斯国际建筑双年展中国国家馆策展人

LIANG Jingyu

Born in Jiangxi Province, China in 1969.

LIANG Jingyu is the principal architect of Approach Architecture Studio in Beijing. He was first known for his award-winning art museum and gallery projects. Impressed by the book Shelter by Lloyd Kahn, 1973, he became the translator of the book's Chinese version (published in 2009). In 2010, he was converted to Buddhism. From 2010 to 2013, LIANG Jingyu acted as chief planner, masterminding the extraordinary urban conservation and regeneration plan for Dashilar, an ancient and historic quarter of central Beijing. At present, LIANG Jingyu is the professor of Beijing University of Civil Engineering and Architecture, design studio tutor of Tsinghua University. His areas of research include Chinese traditional dwelling culture, Gandhian economics, Asian natural farming, permaculture, and Amish life style.

Works and lives in Beijing and Vancouver

Website: www.aarchstudio.com

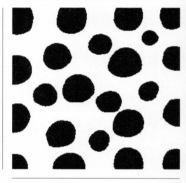

梁井宇

生于1969年，中国江西省

梁井宇是北京场域建筑工作室的主持建筑师。最初因数个艺术空间项目的获奖而知名。之后受美国《庇护所》一书影响甚大，将之翻译并在中国出版。2010年前后开始信奉佛教。随后三年期间，任北京中心区域大栅栏历史保护区的总规划师，主持策划大栅栏的保护与复兴规划工作。梁井宇是北京建筑大学ADA研究中心的教授，清华大学设计导师。目前研究课题包括：中国传统居住文化、甘地经济学、亚洲自然农耕、朴门学和阿米什人社区生活等等。

工作与生活在北京与温哥华

网站：www.aarchstudio.com

Supporter: Ministry of Culture of the People's Republic of China
Commissioner: China Arts & Entertainment Group(CAEG)
Organizer: China International Exhibition Agency
Duputy commissioners: ZHANG Yu, YAN Dong

Assistant commissioners: LIU Zhenlin, LI Yunyun,YANG Xin, ZHANG Ziwei, Xie Yanyi
Collaborators: ZHU Di, FAN Di'an, ZHENG Hao, TAN Ping, XIE Xiaofan, WANG Mingxian, CUI Kai, SHI Jian, LI Hu, ZHAO Xinshu, CAO Yue

Curator: LIANG Jingyu
Assistants to the curator: JI Xiaoman, ZHANG Yuan, LU Lu, ZOU Xuemei, YE Siyu, Leila Dunning

Coordinator: XIE Xiaoying
Exhibition Design: Approach Architecture Studio + View Unlimited Landscape Architecture Studio, CUCD
Exhibition Design & Services Team: QU Zhi, ZHOU Xinmeng, WANG Xiang, LEI Xuhua, GAO Bohan, YANG Hao , DUAN Jiajia, WU Yinfei, LI Yinbo

Catalogue Editor-in-Chief: ZUO Jing
Editor: SONG Qun
Assistants to the Editors: WANG Guohui, ZHANG Bo

Public Education & Workshop at exhibition:
WANG Xueyu, ZHANG Qi, LI Ping, ZHAO Meng, ZU Jing, SUN Qiyue, CHEN Yubing, MENG Qingcheng, LI Wei

Visual Design: IKONDESIGN
Visual Design Director: Badagongjue
Visual Design Team: Lao Xu, JIANG Weijie, Xiao Hui

Senior Consultant: WANG Mingxian, SHI Jian, ZUO Jing, HUANG Yongsong, FANG Zhengning, LU Qiong, JIANG Jun
Art Consultant: TONG Yan
Exhibition Design Director: HUANG Haitao

Special Support: MA Ke, Man Ko, ZHU Jingxiang, WANG Yun, HU Jun, ZHANG Xudong, SUN Qun, Beatrice Leanza, Tate Liang

Volunteers: LI Qiwei, YANG Xuan, WANG Lu, WANG Yiya, ZHAI Yukun, ZHANG Weimeng, ZHAO Siyuan

支持: 中华人民共和国文化部
主办: 中国对外文化集团公司
承办: 中国对外艺术展览有限公司
总协调: 张宇
协调: 阎东

助理协调: 刘振林 李芸芸 杨欣 张紫微 解严一
鸣谢: 诸迪 范迪安 郑浩 谭平 谢小凡 王明贤 崔愷 史建 李虎 赵心舒 曹玥

策展人: 梁井宇
策展助理: 冀萧曼 张元 鹿璐 邹雪梅 叶思宇 Leila Dunning

展务统筹: 谢晓英
空间设计: 场域建筑 + 无界景观CUCD
空间设计团队: 瞿志 周欣萌 王翔 雷旭华 高博瀚 杨灏 段佳佳 吴寅飞 李银泊

场刊主编: 左靖
编辑: 宋群
统筹: 王国慧 张博

展览公共教育与工作营计划:
王雪语 张琦 李萍 赵梦 祖菁 孙启越 陈宇冰 孟庆诚 李薇

视觉设计机构: 意孔呈像
视觉总监: 八大公爵
视觉团队: 老许 姜伟杰 小辉

顾问: 王明贤 史建 左靖 黄永松 方振宁 鲁琼 姜珺
展览艺术顾问: 童岩
展览空间总监: 黄海涛

特别协助: 马可 高敏 朱竞翔 王昀 胡军 张旭东 孙群 Beatrice Leanza 梁梯

志愿者: 李啟潍 杨宣 王璐 王一雅 翟玉琨 张薇萌 赵思媛

卷 一

场 域 建 筑

Approach Architecture Studio

Approach Architecture Studio (AAS), Beijing, was founded in 2006 by principal architect LIANG Jingyu. Focusing on cross-disciplinary research, AAS practices a slow method, in contrast to the context of rapid Chinese Construction. Completed projects include: Iberia Centre of Contemporary Art, Beijing; Minshen Art Museum, Shanghai; and the urban conservation and regeneration plan for Dashilar, an ancient and historic quarter of central Beijing.

Website: www.aarchstudio.com

场域建筑

场域建筑（北京）是由建筑师梁井宇于2006年创立的。专注于建筑与不同领域的交叉研究。推行与快速、大规模发展的中国建筑实践相反的慢速和小规模的实践活动。完成项目包括伊比利亚当代艺术中心，上海民生现代美术馆，北京大栅栏文保区的保护与复兴规划、北京无用生活体验空间等等。

网站: www.aarchstudio.com

Yangmeizhu Xiejie (Street)

Yangmeizhu Xiejie (Street) project is part of the urban conservation and regeneration plan for Dashilar historic quarter, 1 km squared in central Beijing. It was initiated in 2012 by the local government as a street-front beautification project. AAS re-interpreted it as a catalyst for sensitive renewal, as well as preservation of the whole community and entire quarter of Dashilar. Today, after four years, the chain-reaction of positive interventions is ongoing. The street has become one of the most dynamic of the conserved urban districts in the city. The dense local communities have been reintegrated into a thriving society after long-term suffering as an isolated urban slum.

Team: LIANG Jingyu, YE Siyu, Andreas Varvin, FU Haiyan, KONG Shengqi, Sara Ahrenst Christensen, Hai-yin Kong, YOU Mi, SUN Siwei, Leila Dunning, LIU Tingfeng, ZHOU Yuan, ZHAO Siyuan(contents editing)

杨梅竹斜街

杨梅竹斜街项目是北京大栅栏文保区的保护复兴规划的一部分。它肇始于地方政府对这条市容不够整洁、居民随意私搭乱建侵占道路资源、历史建筑保护状况较差的历史街区的美化工程。场域建筑将这一委托转译成大栅栏文保区的复兴催化剂。通过四年的发展，催化作用所带来的连锁反应还在持续，杨梅竹斜街却已经在短短时间内变身为北京市最具活力的历史街区。之前居住于这片与城市发达地区隔绝的棚户区的社区居民们，也逐渐重新融入到城市的大家庭当中来。

项目团队成员： 梁井宇，叶思宇，Andreas Varvin，付海燕，孔圣琪，Hai-yin Kong，Sara Ahrenst Christensen，由宓，孙思维，Leila Dunning，Tingfung Liu，周源，赵思媛（内容编辑）

Yangmeizhu Xiejie Entrance, 2013

杨梅竹斜街入口，2013

©Nippon Design Center, Inc.

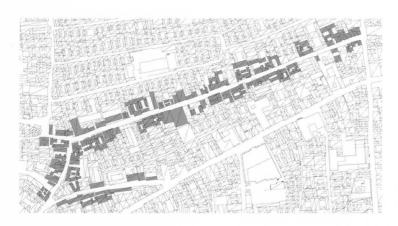

Yangmeizhu Xiejie Site Plan

杨梅竹斜街总图

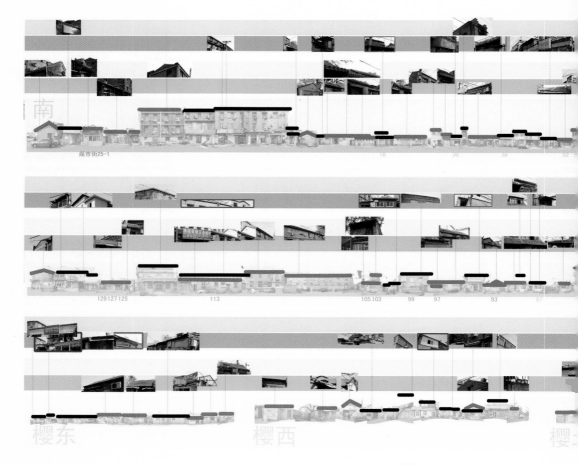

南

煤市街25-1   18   30   38   52

129 127 125   113   105 103   99   97   93   87

樱东   樱西   樱

屋顶分析

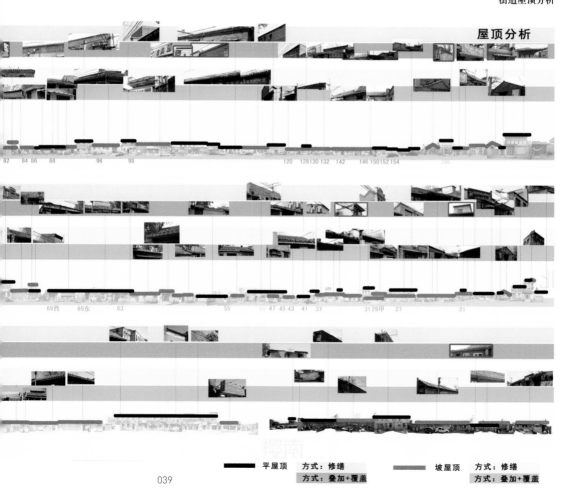

82 84 86 88   96   98   120 128130 132 142   146 150152 154   160

69西 69东   63   55   49 47 45 43 41 37   31 29甲 27   21

平屋顶　方式：修缮
方式：叠加+覆盖
坡屋顶　方式：修缮
方式：叠加+覆盖

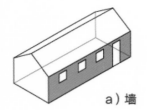
a）墙

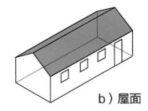
b）屋面

c）窗口

Design Elements

设计元素

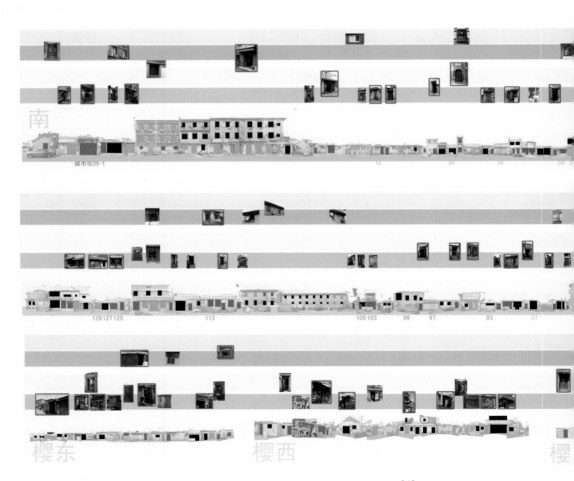

南

煤市街25-1

129 127 125　　113　　105 103　99　97　93　87

樱东　　樱西　　樱

e）雨棚

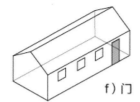
f）门

g）标牌

门窗分析

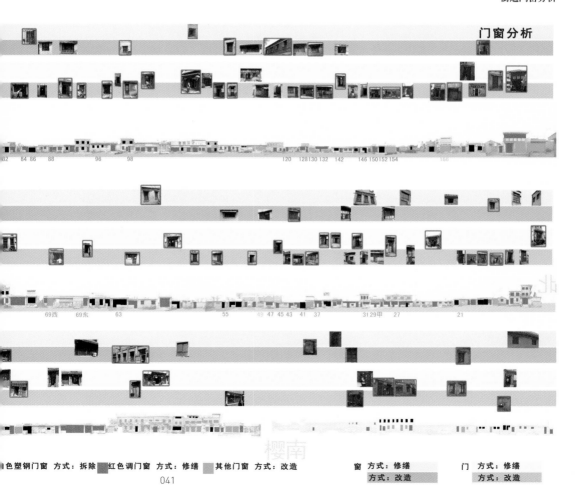

82 84 86 88   96 98   120 128130 132 142   146 150152 154   166

69西 69东   63   55   49 47 45 43 41 37   3129甲 27   21

樱南

■色塑钢门窗 方式：拆除■红色调门窗 方式：修缮■其他门窗 方式：改造   窗 方式：修缮   门 方式：修缮
                                                                方式：改造   方式：改造

RED MUSIC WORKS

Qingyunge Left New, 2013
青云阁左改造店

Qingyunge Left Old, 2010

青云阁左改造前

10-14 Yangmeizhuxiejie, New 2013

杨梅竹斜街10-14号 新, 2013

10-14 Yangmeizhuxiejie, Old 2010

杨梅竹斜街10-14号 旧, 2010

Dashilar and Dashila(b)

History

Dashilar was for 600 years Beijing's most prosperous and cultivated quarter. Located strategically near Qianmen gate, Dashilar straddled royal and civil life creating one of China's most vibrant marketplaces and entertainment venues, hosting some of the country's oldest shops as well as theatres attributed to the birth of Peking Opera. Under this the city of Beijing continued to grow with incremental developments leaving sedimental trace upon one another, many of which are still visible and attract large numbers of visitors every year. Right up until the middle of last century Dashilar remained the centre of the city for most Beijingers. Ultimately this began to change, as did the city, its ever-increasing, animated skyline highlighting Dashilar's worsening condition. Commercial vacancies, an exploding migrant population and lack of developed infrastructure started to alienate Dashilar from the city as a whole, creating what is euphemistically termed an Urban Corner.

These changes, coupled with the large scale blanket developments implemented throughout the city in the early nineties, made Dashilar a point of conflict in Beijing's long term planning. High compensation costs, preservation focused zoning laws and the reduction required in population density have made efforts to "protect, remediate and rehabilitate" the area pragmatically and financially difficult. Meanwhile, infrastructure (usually upgraded through partnerships between the Government and private developers) decays while residents, with preconceptions of high compensation and relocation, losing the motivation and organisation to protect and invest in their own community.

An opportunity

Perhaps the stagnation of development caused by these difficulties present Dashilar with a rare opportunity in Beijing: The opportunity to breathe, to reflect and to become something different. It has been given a second chance to find a new approach. The traditional way of life and pace, along with the exquisite jumble of smaller, family run business do not need to be displaced by luxury apartments and multinational chain stores. There must be a way for Dashilar to re-envision its past as a heterogeneous yet interdependent mix of business and people both new and old, restoring Dashilars deserved prosperity and traditional vibrancy.

Approach Architecture Studio and GuangAn Holdings initiated Dashila(b) as a working platform. It has begun this approach by supplying vacant properties throughout Dashilar as venues for experimentation and demonstration to interested groups. Through specific interventions, new resources can be described to the community, giving an early demonstration of the approach to partners and policy makers.

Formally, Dashila(b)'s agenda is divided into three parts :

1. Thorough and professional research into the future of Dashilar, adjusting the regional plan and making recommendations to government on the development and implementation of policy for the area.

2. Reappraisal of Dashilar's rich cultural and historical resources in order to develop new methods of sustainable preservation concurrently with positive new community models.

3. Creation of an open platform for local Government, Developers and Investors, residents, businesses and social institutions to stimulate and encourage communication and cooperation with the goal to better Dashilar through multi faceted approaches to the problems it faces.

We view Dashila(b) as a specific implementation of the Dashilar protection, a remediation and rehabilitation program as well as a critical review and amendment to this program.

Nodes and Networks

The first way to approach this vision is in an audit of the way developers look at the area, not as just a grouping of land and buildings but as a complex system of interconnected social, historical, cultural and structural networks. To modify these networks, the invisible drivers of the area, one must effect the people, places and actions that locate them. It is upon this provocation that we have created Dashila(b): a platform comprehensively trying to engage with and change the old concept of blanket development with an open approach which is more suggestive and less explicit. Using key nodes as catalysts for change in the area, we want to promote certain archetypes, best practice examples of what can be to done for residents as well as outside investors. The hope being that this soft influence can spark the surrounding community into moving individually yet cohesively towards a flexible goal, creating a sustainable community with more depth and diversity.

A) The zone has its inherent social/cultural/spatial qualities

B) The developer passively receives residents who want to relocate and provides compensation at market rate

C) New activities or businesses are attracted into the area which, as defined by a platform's "Node Plan," will have a radiating influence in the zone.

D) The zone revitalizes itself organically, with the support of the platform, allowing for a mixture of heterogeneous programs.

Actions

For the first phase in this process Approach Architecture established Dashila(b), in collaboration with the developer, as the platform capable of implementing the Node Plan model of revitalization for Dashilar.

Broadly, Dashila(b)'s actions fall under three categories;

Urban Curation, Mediation and **Support**

Urban Curation

Urban Curation is the direct action taken while inserting selected programs into the urban fabric of Dashilar.

Programs are selected through a multi-step process. The first step is evaluating both the incoming program and the existing site through a thematic quadrant covering Client, Product/Program, Culture, and Place. This method of evaluation, creating metrics, with which we can compare different programs, allows us to report to our client as objective as possible about which businesses or activities will be most beneficial to the area.

The second aspect to take into consideration is how incoming businesses help and integrate into the local community. Our intention is not to compete with existing businesses as it is counter- productive for both parties. Rather, we want incoming businesses to complement or inspire existing businesses.

Instead of straight emulation, incoming businesses should act as "Best Practice Examples", from which existing businesses can learn and through which they can see new opportunities.

For incoming businesses, which are service providers, we encourage them to provide these services to their neighbors. This aims to encourage change and experimentation within some of the existing businesses.

Mediation

The "Node Plan" method we suggested in 2011 represents a departure from the normal methods of Urban revitalization within China and, as such, requires many changes to the practices of our client. This is not something that can be implemented quickly that all parties involved make compromises. The platforms role is to guide behaviors in such a direction that the Node Plan can implement itself. Mediation can also be divided into two main actions.The first action is mediation required between the client and incoming businesses, while the second action is communication and inclusion of the community in the project.

The area is clearly missing some key infrastructure to be naturally attractive to incoming business. Support from the developer can come in the form of both subsides for renovation work carried out and rent discounts for the business assessed as being a "best practice example," or type A. Though these businesses may not pay the market rate for rent, we believe and have convinced the client that the effects of these support methods are that the rents throughout the area increase, which pays for the lack of earnings caused by it. Aside from this, the current compensation costs are so high that no significant income, as a percentage of investment, can be gained from the acquired properties.

Communicating with the community is a much more complicated matter. As described, the residents do not have enough confidence to invest in the area, as most believe that forced relocation may still be a future prospect. This creates an atmosphere of distrust within the community as residents assume at some point that they will have to compete with their neighbors for compensation. This, along with other aspects of the society, hugely complicates notions of Participatory Planning and revitalization within the area. Our approach is to gradually introduce the movement, the area is taking, through collaboration and involvement on specific projects, especially projects involving woman and children within the area. This is to counter the feeling from the residents that all revitalization efforts are focused on either purely commercial development or historic/touristic development. In this way we hope that residents will regain their faith in the area and work with the residents during implementation of specific.

Support

Supporting the Node Plan involves using the platform to support incoming and existing businesses within the area. Other than the support mediation provides, Approach Architecture and the developer can also provide support in promoting the area, especially in the essential first phases. This includes directing funding from purely touristic programs to programs that can directly benefit businesses, or using events to produce data and solutions that could help the area develop in the long term.

Team: LIANG Jingyu, YE Siyu, Hai-yin KONG, YOU Mi, SUN Siwei, Leila Dunning, WANG Jian, Neill Mclean Gaddes, XU Yijing

大栅栏与Dashila(b)

背景

直到50年前，大栅栏在她600年历史里，一直都是北京最繁华的商业、文化和娱乐中心。近些年，尽管经受着经济、建筑及社区环境的整体衰败，在天安门广场西南角这片居住着4万~5万人口、极高人口密度的一平方多公里范围内，依然可以辨认出无数历史遗存，每天吸引大量游客到访。

始于上世纪90年代的大规模成片开发的房地产模式，和北京旧城改造之间的长期矛盾，一直困扰着大栅栏地区的保护、整治和复兴：日益提高的拆迁、腾退补偿成本、历史保护区域内低密度的控制性规划，使得成片地拆除旧建筑、整理土地进行全新建设的方式既难以实施、又难以获利，更不要说这种方式对旧城原有生态的巨大破坏了。这也使政府部门希望通过房地产开发，带动基础设施更新建设变得困难重重。另一方面，心理上等待腾退的原住民

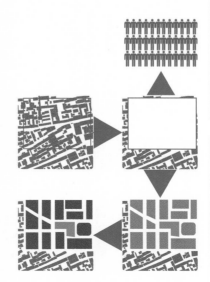

大规模土地开发模式 /
"Tabula Rasa" Development

A. Zone earmarked by leadership for redevelopment.
B. Residents variously compensated to relocate.
C. Zone is razed and rebuilt.
D. Zone is re-inhabited by business and, in some cases, residents.

对维护和建设社区缺乏主动性，区域本已落后的生活条件、社会与经济环境继续恶化。大栅栏最终变成北京市低收入人群及外来人口聚集区。

机遇

也许，暂时的困境所导致的停滞能给大栅栏的发展带来一次难得的喘息、调整、乃至重生的机会？大栅栏传统的居住方式、代代相传的小规模、互补、多样而灵活的商业不必被豪华公寓及大型单一的跨国连锁商业代替？大栅栏的高密度、低收入的居民也不一定要全部让位给低密度、高收入的外来居民？一定还有办法将大栅栏建设成为混合、不断更新、互相依存的新老居民、传统商业、新商业共存的社区，恢复大栅栏本来该有的繁荣景象。

这需要赋予保护与发展更多灵活性的规划，并依赖典型人群和关键地点对规划方案的具体示范与实施。以此调动起热爱大栅栏、愿意全情投入的相关人士自发参与，最终形成全方位的大栅栏复兴局面。

正是基于这种认识，场域建筑和广安控股集团共同策划了一项城市复兴计划——大栅栏创新计划Dashila(b)。它既是大栅栏地区保护、整治、复兴规划的延续、修正规划设计工作，又是该项规划具体实施的一部分。在北京市及西城区政府的支持下，它负责：（A）对该地区的城市规划内容进行专业范围的研究、调整，并为政府提供政策与管理建议；（B）对大栅栏的文化、历史资源进行重新挖掘、整理，寻求文保区城市发展与社区民生建设的新模式；（C）为政府、开发企业、社会资源、当地居民与商户之间提供开放的交流平台，树立不同形式的居住与商业开发样本，鼓励和激发多模式的合作，保护及建设大栅栏。目的是提升区域经济、丰富社区文化、重现大栅栏的历史繁荣。

大栅栏节点与网络

大栅栏创新计划是要改变将该区域视作整体区片进行规划与建设的概念。取而代之的是更加灵活的针对节点和网络的软性规划，视大栅栏为互相关联的社会、历史、文化与城市空间脉络。散布其间的任何一处院落、或者一段街巷，只要产权所有人有主动意愿，都可进行有效的点式改造，并产生触发效应，以点的改造带动线、面的长远变化。避免等待成片区域腾退完毕，或产权关系完全变更清晰后才开始城市更新的迟缓步骤，更重要的是，将单一主体实施全部区域改造的被动状态，转变为居民自觉自愿、各方协同参与完成的主动改造过程。

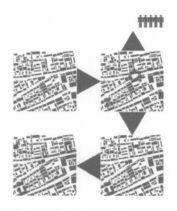

节点规划与软性规划的机会 /
"Nodal" Development

A. Zone has inherent social/cultural/spatial qualities

B. Developer passively receives residents who want to relocate and provides compensation at market rate

C. New activities or businesses are attracted into the area which, as defined by a platform's "Node Plan," will have a radiating influence in the zone.

D. Zone revitalizes itself organically, with the support of the platform, allowing for a mixture of heterogeneous programs.

角色

场域建筑及Dashila(b)可以看作是一种新的建筑师身份。通常建筑师或规划师提供的是一次性的完成方案交由业主客户去实施完成。

但是面对旧城保护和发展的规划时，情况变得复杂。一套虽然完整但不可变化的图纸常常因为无法应对实际情况而变得难以实施。

主要原因是建筑师和旧城保护的实施主体无法充分共享信息。更不用说在旧城保护项目中起关键作用的其他各方，比如政府、参与项目发展的企业等等，大家无法在信息和资源共享的平台中寻找共同利益和解决方案。

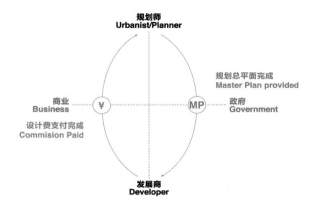

规划师
Urbanist/Planner

规划总平面完成
Master Plan provided

商业
Business

政府
Government

设计费支付完成
Commision Paid

发展商
Developer

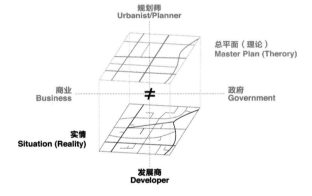

规划师
Urbanist/Planner

总平面（理论）
Master Plan (Therory)

商业
Business

≠

政府
Government

实情
Situation (Reality)

发展商
Developer

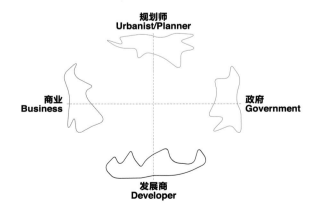

规划师
Urbanist/Planner

商业
Business

政府
Government

发展商
Developer

场域建筑希望能成为各方信息交换和处理的平台。只有当建筑师真正了解到现实情况的复杂、各方利益和诉求，困难虽然变得更多，但却也变得更加具体而相对容易处理，甚至往往因为对问题了解的全面，而能找到以往工作方法所不可想象的解决方案。

工作内容

场域建筑Dashila(b)在整个项目中所负责的工作，除了正常的建筑和规划咨询服务之外，还包括三个方面的特别内容：

即城市策划、社区调和及支撑平台。

Actions

For the first phase in this process Approach Architecture established Dashila(b), in collaboration with the developer, as the platform capable of implementing the Node Plan model of revitalization for Dashilar.

Broadly, Dashila(b)'s actions fall under three categories;

Urban Curation
Mediation
Support

一、城市策划

城市策划是一种将外来的功能直接介入本地的行为。这些外来功能的选择是关键。我们所重视的是衡量外来的功能和本地区的匹配程度。通过对外来功能在其客户群、产品或服务内容、文化品性、场地特色等四个方面进行评分，我们可以找到最适合在本地发展的合作方。并根据其对本地发展的作用大小决定对其租金的优惠程度。

第二步，是考虑如何将外来的合作方与本地社区进行资源整合。我们的目标是避免盲目的效仿或竞争，而是确保本地与外来商业的相互支持。因此在我们看来，一个好的外来合作方应该成为本地商业的更大商机。对于外来服务型商业，我们鼓励他们调整其服务以便更好地适应本地的消费能力，同时也帮助当地的服务业提升其服务和质量，最终改变本地区单一低端而落后的服务环境。

二、社区调和

自2011年起，我们提出的节点规划、软性实施的方法在全国范围内并没有可参照的样本。这对一个大型城市中心区的旧城改造来说，从当地居民到地方政府，再到我们的项目实施主体甲方，都需要有相应的调整和改变。这种改变需要所有合作方的配合和妥协。我们的调和工作便是画定各方的工作边界，并围绕节点规划的目标推进实施方案。最主要的调和工作发生在矛盾最大的两个方面，一是协调甲方和外来合作方的各自诉求；二是项目本身与当地居民或商家的融入合作而不是相互排斥的努力。在调和过程中，最核心的问题是如何有效地利用现有资产及政府的资金，将之转换为对参与项目合作方和本地居民、商家的支持。

三、支撑平台

为了支持外来和本地的居民及商家，一套用于内外交流的平台及整体项目的推广都是必不可少的。场域建筑首先是借助政府对该地区旅游推广的资金，重新邀请设计师整理大栅栏的视觉导览体系，并与北京国际设计周合作，在该地区连续策划艺术与设计展览项目，将大栅栏区域重新拉回城市视野。

项目团队：梁井宇，叶思宇，Hai-yin Kong，由宓，孙思维，Leila Dunning，王健，Neill Mclean Gaddes，徐轶婧

场域建筑

目前关注及研究方向

关注方向：中国传统居住形态，自然农法与农村建设，朴门学与甘地经济学。
研究方向：微型可自建房屋，可离网的环保居住设备与系统。

作品观念形成的来由与成因

千差万别但又万变不离其中。"设计作品"中"设计"的成分取决于许多不同的外部条件，业主的要求、场地的情况、造价的控制等等；"作品"的成分取决于内心对居住或空间利用的理解与追求。设计的千差万别却是根植于内心对空间品质上趋同的探寻。

日常研究方法与工作方法

设计不只是停留在概念，同时也是"技艺"。因此像匠人一样，从材料、工具、建造手段出发的研究和工作都是最基础和重要的。

具体事例或工作案例

这两年间China House Vision"理想家"项目算是一个案例吧。

对参展主题的看法

"平民设计，日用即道"是对哪里是建筑师"战斗"的前线？——平民；和用什么"武器"去战斗？——日用——的回答。

未来计划

探索未来建筑师新的工作场域与实践方向。

卷 二

马 可

〔無用设计工作室〕

MA Ke

MA Ke, born in 1971 in Jilin, is currently based in Zhuhai, Guangdong Province.

MA Ke is one of the most influential Chinese designers, both at home and abroad. In 2008, she became the first Chinese designer to present her work in the Paris Haute Couture Week. Her designs have been exhibited in countries including France, the United Kingdom, The Kingdom of the Netherlands, the United States and Japan. Her collection WUYONG/the Earth, which debuted in Paris Fashion Week Spring/Summer 2007, received the 2008 Prince Claus Award in the Netherlands. The film featuring MA Ke and her "WUYONG /the Earth" collection, produced by Golden Lion winner director Jia Zhang-Ke, was awarded the Best Documentary Award in the 64th Venice Film Festival.

In 2006, MA Ke founded the WUYONG Design Studio in Zhuhai. Today, WUYONG has become a social enterprise, and it is committed to the inheritance and innovation of traditional Chinese handicrafts. In September 2014, "WUYONG Living Space" was inaugurated in Beijing, presenting original works which cover all basic necessities in life from the WUYONG collection. The products are designed and hand-made with natural materials, in order to draw people's attention to a simpler and healthier lifestyle: to have a more harmonic relationship with nature, and to be more environmentally friendly and sustainable. "WUYONG Living Space" also regularly hosts non-profit exhibition for traditional Chinese folk arts and handcrafts.

Since 2013, MA Ke has been invited to produce personalised designs for China's first lady Peng Liyuan in high-profile international trips.

Website: www.WUYONG.org

马可

马可，1971年出生于中国吉林，目前生活在中国广东省珠海市。

马可是海内外最有影响力的中国设计师之一。2008年，马可成为首位登陆巴黎高级时装周的中国设计师。其作品曾在法国、英国、荷兰、美国、日本等地博物馆展出。其"無用之土地"系列更是获得荷兰克劳斯王子基金奖。金狮奖得主中国导演贾樟柯根据马可及土地作品巴黎发布拍摄的纪录片《無用》获得第64届威尼斯电影节纪录片最高奖项——地平线单元最佳纪录片奖。

马可2006年在珠海创立無用设计工作室，目前無用已经发展成为一家社会企业，致力于中国民间传统手工艺的传承与创新。2014年9月，"無用生活空间"在北京开幕，这里展示的原创無用出品涵盖了"衣食住行"各个层面的生活必需之物，通过创意研发制作全天然、纯手工的环保生活用品，促使世界上更多人关注与实践自求简朴的、与自然和谐共处的、环保节制永续的生活方式。無用空间也定期举办公益性的民间传统手工艺主题展。

2013年起至今，马可应邀为中国第一夫人彭丽媛提供外访定制服装。

网站: www.WUYONG.org

Description of WUYONG

On April 22th, 2006, MA Ke founded WUYONG Studio in Zhu Hai. And this little studio turned out to be the first original eco and social company brand of China in 2013. In September 2014, "WUYONG Living Space" was open in Beijing, which consists of a non-profit exhibition hall for Chinese traditional handicrafts, the "HOME" for WUYONG's original works and an organic vegetarian restaurant. Till now, WUYONG has stretched its products line to cover basic necessities in life; the productions are creatively designed and made in natural, pollution-free and hand-based ways, in order to arouse people's longing for the nature of life and living a simpler and purer lifestyle.

All those years, WUYONG's people have been exploring folk handiwork arts in small villages located among remote mountains and assisting local handicraftsmen to create a happy life out of poverty by their hands. WUYONG adds the vitality of our era to traditional handicrafts with artistic designing, so you can see aesthetic taste as well as practical function in WUYONG's works. Those products are popular with urban people who care nature and environment.

WUYONG dedicates in inheritance and innovation of Chinese traditional handicrafts all those years and takes its social responsibility of protecting Chinese folk handicraft art, employing and training handicraftsmen from countryside. These reinvestments come from its revenue.

Delivering the warmth of the hands. Sewing the soul into clothing. Love is unbounded. One world, one family. It is the dream that all WUYONG's people strive to fulfill.

無用

2006年4月22日，设计师马可在珠海创立"無用工作室"；2013年"無用"发展成为中国首家社会企业原创生态品牌；2014年9月，"無用生活空间"在北京开幕，"無用生活空间"由民间手工艺展厅、無用家园和有机素食三个部分组成，無用出品涵盖了"衣食住行"的各个生活层面，为渴望探寻生命本质、过上返璞生活的人们提供全天然、零污染、全手工制作的良心出品。

多年来無用人的足迹深入到全国各地偏远的贫困地区，发掘当地的特色技艺，帮助手工艺人通过自己勤劳的双手脱离贫困、开创幸福美好的生活，同时，在传统手工技艺的基础之上加以艺术创新，为其注入鲜活的时代生命力，为城市中热爱自然关注环保的人群带来富有艺术美感且经久耐用的生活必需品。

作为一家长期致力于传统民间手工艺的保护传承与创新的社会企业，無用所获得的全部销售收入均用于中国民间手工艺的保护及传承、给手工艺人提供培训和必要的工作条件等。

"以手传心，以衣载道，大爱无界，天下一家"就是所有無用人共同的梦想。

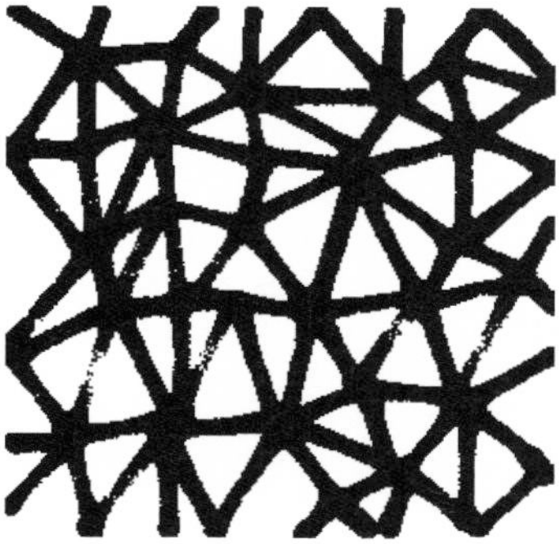

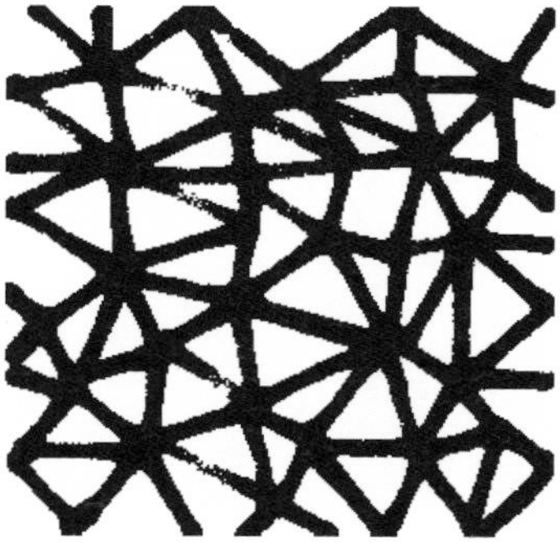

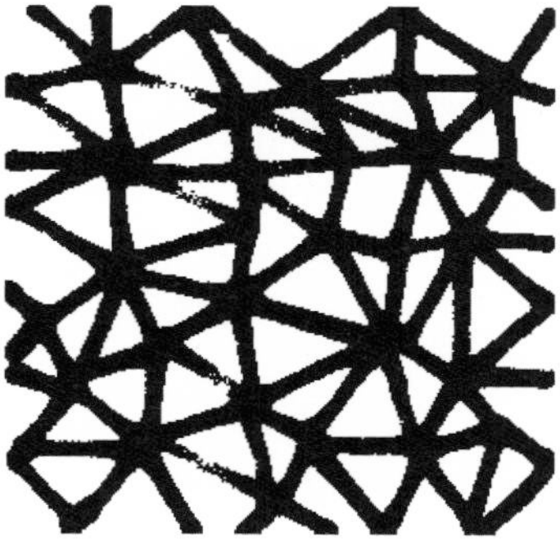

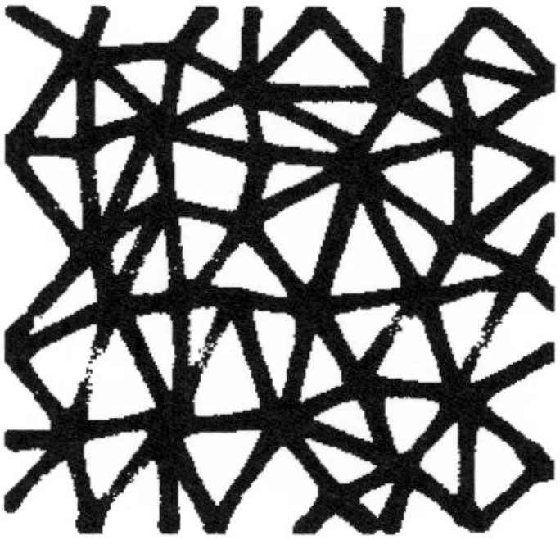

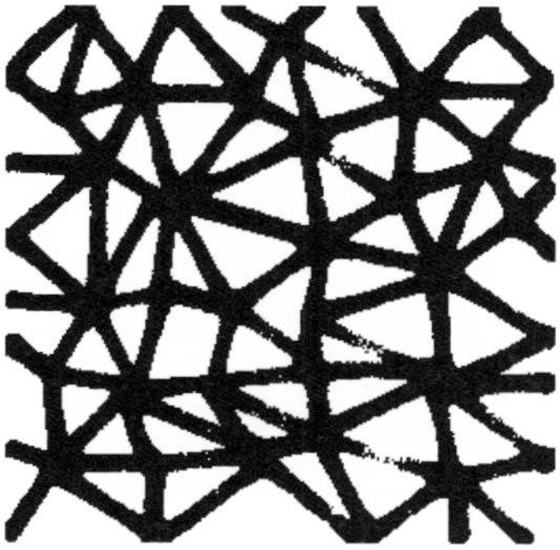

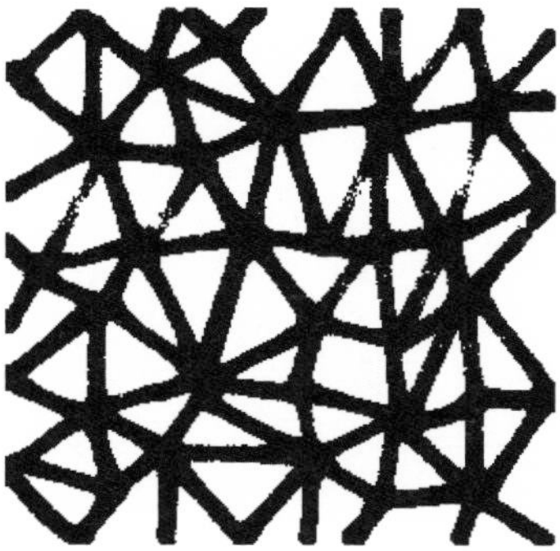

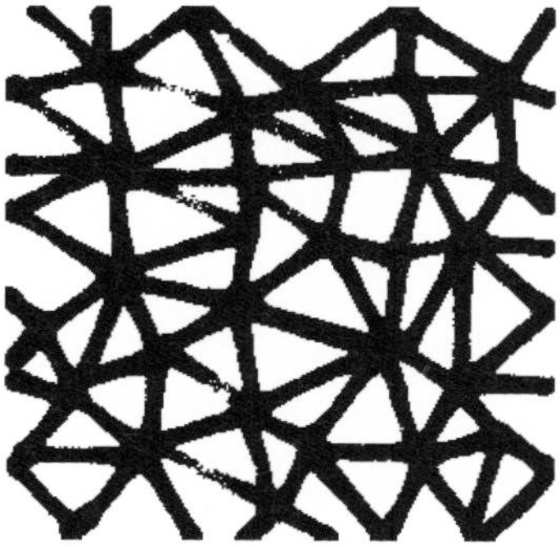

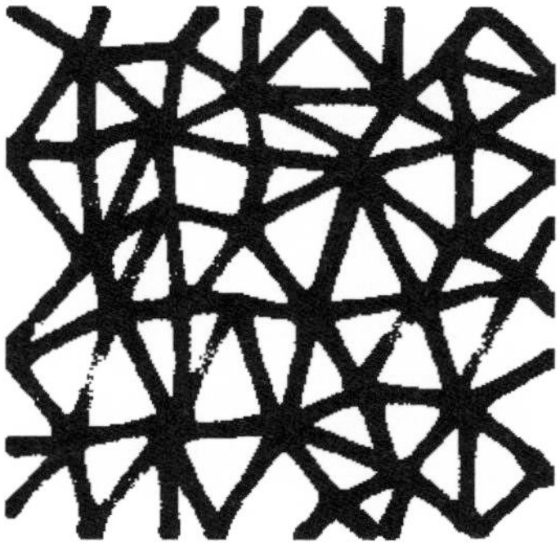

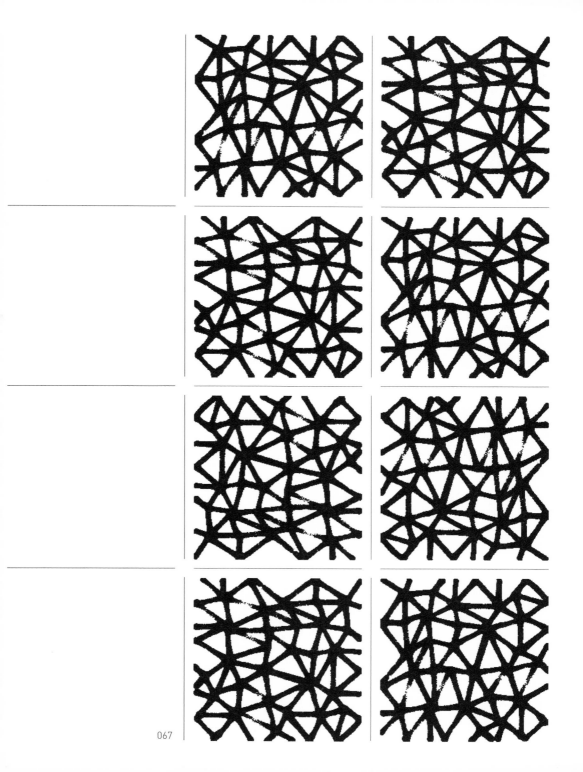

The Earth

In February 2007, MA Ke's new collection, 'The Earth', debuted in the Paris Fashion Week. This was MA Ke's first exhibition after WU YONG studio had been founded. The presentation caused a great sensation, and according to Didier Grumbach, former President of Chambre Syndicale de la Haute Couture, the impact that MA Ke brought to Paris was as great as the three Japanese top designers in the 80's (Issey Miyake, Yohji Yamamoto, Rei Kawakubo).

The rich implication and pristine nature of MA Ke's design overturned the way people used to look at fashion — that it had to be sexy, enchanting, or exotic. In addition to keeping people warm and showing personal styles or identities, clothing can be a language of art, which opens up people's mind and further inspires profound changes in their behavior.

After coming back from Paris, MA Ke received an invitation from *Life Magazine* to do a shoot in Tibet with the American Chinese photographer Zhou Mi. Without any extra styling, the native Tibetans were dressed up in MA Ke's design, standing on the boundlessly vast earth. It looked so natural as if they had grown up wearing them, as if they had travelled backwards, when they were still a mysterious outland tribute isolated from the rest of the ancient world......

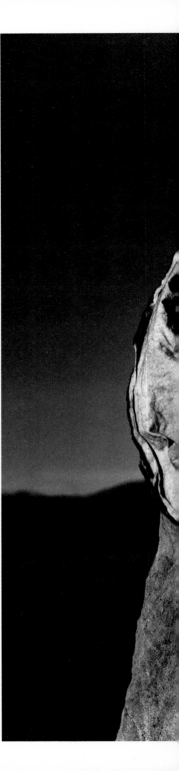

土地

2007年2月，设计师马可首次在巴黎时装周推出新作"土地"，这也是她创建"无用"以来的首次作品发布。这场发布在巴黎引起巨大的反响，巴黎高级时装工会主席迪迪耶·哥巴赫先生称其等同于上世纪80年代日本三大设计师（三宅一生，山本耀司，川久保玲）登陆巴黎所带来的冲击。

这些厚重而质朴的与时尚界性感妖娆迥异的服装彻底颠覆了人们过往对时尚的定义。服装除了御寒蔽体、彰显个性、标榜身份之外，还可以成为一种独特创新的艺术语言叩醒人们的心灵，引发深思继而改变行为。

从巴黎回国后，马可接到《生活》杂志的拍摄邀约，和美籍华人摄影师周密一起远赴海拔四千多米的藏区，拍摄了此组图片。

未经任何修饰造型的藏民们穿上这些大件头，站在苍茫壮阔的天地之间，宛如他们天生就穿着这样的衣服长大。时光倒流，宛如回到千百年前的隔绝于世的神秘高原部落……

The Earth

Photos by ZHOU Mi

土地

摄影：周密

The yarn is drying on the roof of WUYONG Studio

無用工作室楼顶晾晒的纱线

Spinning with hand reeling machine

手摇纺车纺纱

Embroidering the sun on fabric with
dexterous hands and sincere heart
一双巧手,绣出太阳,绣进用心

The embroidery craftsman in
WUYONG Studio
无用工作室的绣花手艺人

Hand woven fabric by WUYONG

無用手织布

Photos by SHU Lei

摄影：舒雷

马可

目前关注及研究方向

从2006年至今，我专注于中国传统手工艺的调研及创新，为古老的手工技艺注入新的生命力，给人们提供经久耐用、兼具情感和美感的日用之物。

2000年初，我开始了在中国偏远乡村的旅程，对中国传统手工艺的认识随之加深，农民们仍旧保留着日出而作、日落而息的传统生活方式，他们与土地之间那种亲密的、自然和谐的状态非常令人感动，但他们的世界却是与时装完全绝缘的领域，每个人只有几件老土布的旧衣服，一直缝缝补补地穿着。对于长辈们留下来的老器物他们如数家珍，每件都能讲出一段故事……

这些经历对我的触动很大，这些让我倍感珍惜的事物却在现代生活里被很多人称为没有用处的东西，我质疑：难道由于工业的发展、科技的不断进步，这些陪伴人类走过千万年的传统手艺和生活方式就彻底退出人类的文明进程了吗？难道这些被人们认为无用的东西就真的将在人类生活中销声匿迹了吗？我觉得这是一件非常令人痛心的事情。在农村的日子让我有种找到根的感觉，让我发现了那些人性中最本质的东西，那些无论科技和经济发展到何种程度，人们内心深处永恒不变的东西……

此次参展作品观念形成的来由与成因

2007年无用工作室建立后不久，我得到了法国时装工会的邀请，决定参加2007年的巴黎时装周。这仅仅是个向世界说话的平台，我做的东西根本不是时装，我追求的精神价值和目前的流行时尚完全相反，事实上，恰好是人类历史所经历的那些质朴时代深深吸引着我，那时的人们怀着对大自然深深的敬畏和对事物最原初的认识，过着一种最为本质的简朴生活。那些来源于生活而非出于名家大师手中的质朴之作具有强烈的时间穿透力，没有一丝的矫揉造作和对功名利禄的贪欲，横跨了千百年撞击着现在的心灵。

我决意让服装回到它原本的朴素魅力中，让人们被过分刺激的感官恢复对细微末节的敏感。今天的时代中真正的时尚不再是潮流推动的空洞漂亮的包装，而应该是回归平凡中再现的非凡，我相信真正的奢华不在其价格，而应在其代表的精神。

这场发布会的名字叫"土地"，这场秀是我向养育人类的大地之母及在土地上世代耕耘的农民们致敬。在真实的土地面前，在劳动者面前所有人都是平等的，如果没有他们的劳动，城市人无法生活在这个星球上，在劳动者面前我们没有任何值得炫耀的优越感。

日常研究方法与工作方法

我是一个非常迷恋手工的人，从小喜欢画画和动手做东西，手作的东西中蕴含着工业机制品无法达到的深厚情感和灵性，我发现手工艺背后其实是一个民族、一个国家世代相传的文化基因和传统价值观，这些才是中国人之所以是中国人、德国人是德国人、印度人是印度人的真正原因。现在在世界各地，传统手工艺日渐消亡，几乎都被大量制造的廉价工业品所替代。

2006年我在珠海建立了工作室，并把它起名为"无用"，我把从未走出过大山的手艺人们请到工作室，和他们一起劳动和创作。在工作室里我们所有出品全部是纯手工制作，从纺纱到织布、缝制和最后的染色，全部采用手工和纯天然的方式。因为全部无用出品的原材料都取自于自然，所以，都能回归到自然，不会对地球造成任何负担。

具体工作案例及未来计划

工作室创建八年后的2014年，"無用生活空间"在北京开幕，这标志着我们在从乡村到城市的道路上迈开了第一步。无用空间由展厅、家园、真味三个部分构成：無用展厅每半年推出一期手工艺展览，现已先后举办过"中国土陶展""百年篮篓展""魂兮归来——滩头木版年画展"等主题展，与大家分享無用手工艺调研员们深入民间采集调研的各种日用生活器物；家园展示的则是無用原创的全手工纯天然的服装家纺及居家用品，为渴望探寻生命本质、回归返璞生活的人们提供全天然、零污染、手工制作的家庭生活用品；真味则是我们在调研旅途中搜集的各种农民们采用自留种、不使用化肥农药种植的有机杂粮及土特农产品，让都市人能够买到知根知底、安全可靠的良心食材，做一个对自己对地球负责的人。

2015年，無用正式面向公众发起"中国民艺复兴计划"，带动更多人投入到民艺的回归与再造中。未来無用将始终致力于促使乡村与城市人群加强沟通理解从而达成紧密互助，带动更多的人过上自求简朴的物质生活并走向精神的富足，追求心灵的成长与自由，促进人类与自然生态和谐共存，永续发展。

"以手传心，以衣载道，大爱无界，天下一家"是所有無用人共同的梦想。

卷 三

众 建 筑

（何哲，沈海恩，臧峰）

People's Architecture Office

Beijing-based People's Architecture Office was founded by HE Zhe, James Shen and ZANG Feng in 2010, and consists of an international team of architects, engineers, product designers and urbanists. The studio has been honored with international awards including multiple Architizer A+ Awards and Red Dot Awards as well as the prestigious World Architecture Festival Award.

With the belief that design is for the masses, PAO aims to be conceptually accessible and culturally pragmatic. Our work is always socially motivated. The office is a historic courtyard house in the center of Beijing and functions as a laboratory for observation, testing, and building.

Website: www.peoples-architecture.com

众建筑

众建筑是由何哲、沈海恩、臧峰三位合伙人于2010年在北京创办的创新性设计公司。我们认为设计应积极策略地进入日常生活，参与构建大众文化，最终影响生活。因此我们把办公地点设在北京最中心的胡同中，作为观察、试验和研究生活的基站。众建筑曾获德国红点奖、美国Architizer奖、以及世界建筑节的最佳新与旧大奖等。

网站： www.peoples-architecture.com

Courtyard House Plugin

The award-winning Courtyard House Plugin is basically a house within a house. It is a prefabricated building system used to insert modern living conditions into dilapidated courtyard houses. This alternative approach to urban renewal does not require tearing down existing structures or relocating residents. The Plugin is a main feature of the Dashilar Project, an initiative aiming at upgrading an important neighborhood in the historical core of Beijing. Currently, over a dozen Courtyard House Plugins have been built and more are under construction.

Characterized by old courtyard houses and narrow alleys called Hutongs, the historic neighborhoods of Beijing have resisted change, giving them an unique charm. But these areas also have limited infrastructure, no sewage lines, and buildings with little isolation.

People's Architecture Office has developed a proprietary prefabricated panel, which incorporates structure, isolation, wiring, plumbing, windows, doors, interior and exterior. Panels are light, easy to handle, and inexpensive to ship. They snap and lock together with a single hex wrench. Since it requires no special skills or training, only a few people are needed to construct. The result is a well-sealed and isolated interior that reduces energy consumption with one third. 'Plugging in' is half the cost of renovating and about a fifth of the cost of building a new courtyard house.

Various Plugins have been built with a wide range of features like mezzanines and expandable rooms that add precious space to interiors. Walls that open by sliding, tilting outwards or upwards, provide a more intimate connection between the interior and the courtyard. Options for handling sewage include waterless composting toilets and septic tanks that output grey water. Kitchens and bathrooms can be added to Plugins for residential use while this is not needed for more basic versions of plugins.

The Courtyard House Plugin serves local residents who desire a higher standard of living but do not want to relocate, and is particularly well-suited for historical properties that have remained vacant due to poor conditions. Residents who use the Plugin system are offered a government subsidy as an additional incentive for investing in their own property.

In China vast areas are still being torn down for redevelopment. People are forced to leave their homes, social ties of tight-knit communities are harmed, and historical heritage is lost. The Courtyard House Plugin is an alternative to this type of top-down urban development. Its simplicity and low costs make the difficult task of renovating an historic building possible for residents. The project demonstrates that upgrading living standards does not require tearing anything down, and that micro investment by many individuals can be just as, or even more effective than massive investment from a few people.

内盒院

内盒院是一个应用于旧城更新的预制化模块建造系统，自推出以来屡获殊荣。内盒院的本质是"房中房"，它提供了一种避免全拆重建，造价又相对低廉的方法来提升人们的生活居住质量。内盒院是大栅栏更新计划的一个重要项目，旨在对这个离天安门最近的历史街区进行有效的保护和更新。目前十多个内盒院空间已经建成并投入使用，接下来还会诞生更多的内盒院。

大栅栏地区没有经历大规模拆迁，仍保留有相对完整的狭窄胡同和老旧四合院，显得弥足珍贵。但也同样有着基础设施不完善、缺少卫生间下水管道、保温密闭隔声防潮等房屋质量不足的问题，生活上有着诸多不便。在过去的一年中，内盒院由实验性的样板成长为一个系统化的解决方案。

众建筑发展了一种特有的预制复合板材，集成了结构、保温、管线、门窗以及室内外装饰完成面。板材质轻、易操作、运输也很便宜，用一个六角扳手就可以把它们锁在一起。几个毫无专业技术训练的人在一天之内就能完成一个完整内盒房子的安装。完成之后的内盒房子有很好的保温与密闭性能，能耗约为新建四合院的1/3，造价约为修缮四合院的1/2、新建四合院的1/5。

内盒院还有着多样化的选配插件，如夹层、伸缩屋、以及让室内与院子连通的上翻屋、滑动墙、大平开墙。卫生间的插件有两类，一是将卫生间污水处理为中水的净化槽，一是无水堆肥马桶。如为居住空间，可以选择插入厨房和卫生间，如为办公空间，也可以选择没有插件的基本内盒空间。

内盒院主要针对已腾退但长期空置的零散房屋，以及希望提高居住质量但又不想重建房屋的本地居民。采用内盒院的居民有可能会得到一定的补贴，用于鼓励他们对自己房屋的修缮和投入。

在中国，很多老城区被不假思索地拆除，人们被迫离开家园，原有紧密的社区关联被切断，喧闹纷杂的历史图景被丢弃。相对于这种粗暴的短期利益驱动开发模式，内盒院则提供了一种追求长期社会利益的、更为健康的发展模式：居民们可以创建个人的、分散的、高效节能的基础设施，无需拆除房屋与依赖大市政基础设施即可直接提升居住质量。比起少数人的巨额投资，大量居民个人的微额投资反而会对这个地区的发展更为长期有效。

Courtyard House Plugin，Plugin Office

内盒院，办公空间

Courtyard House Plugin, Before and After

内盒院，改造前后对比

Courtyard House Plugin, Residence
内盒院，居住空间

Courtyard House Plugin， Residence

← 内盒院，居住空间

众建筑

目前关注及研究方向

• 集体性设计

中国建筑受政治与经济至上风向的影响，多年来过于讨论吸引眼球的标识性建筑，或曰特权阶级的个人欲望表现，也或曰习大大所言的"奇奇怪怪的建筑"。而在近一年间，政府开始限制个人权力，规范社会制度与增加透明度，渐渐表达出对"集体性"（公民社会、法制社会、平等社会）的重视。

我们的设计希望能够限制个人欲望的传达，清晰地表现出"集体性"，从整体性、逻辑、参与性、技术产业、细节等各个方面表现出集体性的特征。

• 改善基础问题

设计的重点不仅仅在于炫目的外观与震撼的空间，更在于设计实质性的改善基础性问题。如交通／采光／保温／密闭等。

• 工业化

当代中国一方面严重依赖工业化，靠其振国兴邦，参与全球经济；另一方面却在社会文化层面上将其隐形，仿佛人们的精神生活、社会的文化事务与工业（制造业）都毫无关联，这种断裂仅在炫耀实力的时候稍有弥合。

我们的设计试图让工业化再次回到人们的眼前，工业化同样可以来讨论文化，来联系传统，来满足精神的要求。而非必须要回到纯粹自然时才能想这些问题。

Courtyard House Plugin，Plugin Office
内盒院，办公空间

作品观念形成的来由与成因

大栅栏地区是距离天安门最近的四合院片区，这里破败不堪，但因为复杂的产权关系，居民也不愿维护房屋，不愿转让，任由建筑衰败下去。我们希望在保护四合院的同时能够提供舒适的使用空间，要解决老房子的防潮、保温、密闭、隔音较差，设施不齐等问题，还要考虑胡同中的运输、施工，及对周边居民影响等过程中的问题。

最终的解决方案就是在老房子中放置一个保温、密闭性等各方面性能都非常好的新房子，对老房子仅作最基本的维护。新房子在工厂预制完成，附带内外装修和管线，在现场仅需最简单的拼装即可。

日常研究方法与工作方法

我们把办公室设在北京城区最中心地段的胡同里，将自己置入最日常的环境中，目的是在其中观察生活、试验设计、找寻灵感、获得启发，与最具体的大众现实为伴，希望自己的设计最终能够面对真正的使用者。

我们使用的研究方法是依靠理性的分析，去探寻真正的问题，提出创新的解决方案。基本上我们所有的项目都要求必须有能够改变原先固有认识的点。

具体事例或工作案例

内盒院就是最好的例子。

我们自己的办公场地在四合院中，平日深受寒暑与潮湿之苦，与周边邻居聊天时也常听到这样的抱怨。

当内盒院刚开始的时候，我们研究市场上能找到的所有保温密闭方案，收集厂商资料，对比分析优劣，在对常用材料及安装方式都不满意的情况下，转而探索新的产品类型与可能。经过数次试验之后，确定了目前内盒院的系统。它是一个模块化的材料产业系统，集成了结构、保温、管线、门窗以及室内外装饰完成面。板材质轻、易操作，运输也很便宜。

这是一个突破了传统建筑设计边界的设计项目，它介乎于建筑设计与产品设计之间，设计师必须考虑产量，及其带来的经济效益、市场运作等等产品设计的问题。

对参展主题的看法

这届威尼斯双年展的主题为"前线报告"，亚力杭德罗阐述该主题意在关注建筑与普通人民生活的联系，让建筑设计回到服务于大众的重要轨道上。我们也期望这个信号能够让中国社会重新认识到建筑设计的责任问题，目前多数的设计师并不重视这个问题。

未来计划

我们试图通过对临时构筑物、可移动性、大规模生产、模块化建筑系统以及社区参与的探索来影响这个社会。

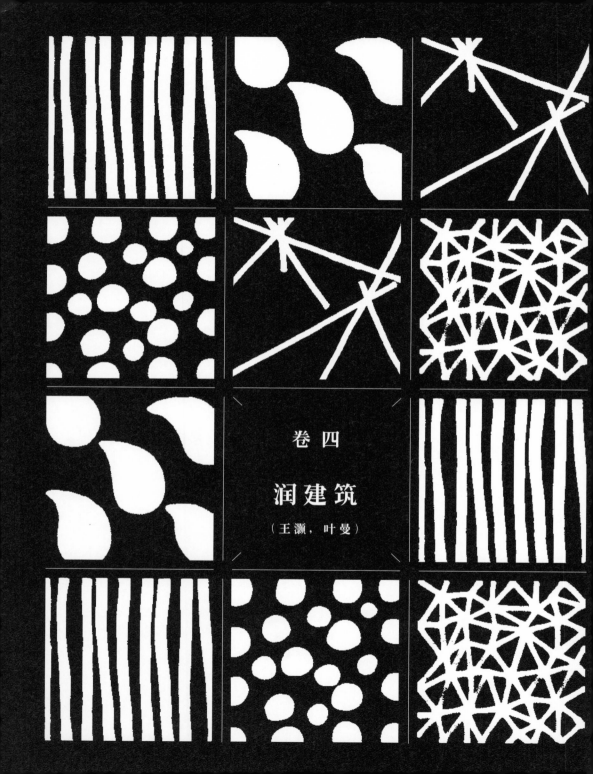

卷 四

润建筑

（王灏，叶曼）

Rùn Atelier

Rùn Atelier was co-founded by Mr. WANG Hao and Ms. YE Man in the year of 2015, which was known as Anonymous Architects Workshop & Y.M.A studio in the past.

Based on daily aesthetics, independent thinking and architectural philosophy of mutual benefit of resident and residence, Rùn Atelier reflects on traditional culture, learns from both ancient and modern art and respects the natural law of coexistence. Rùn aesthetics is created carefully to achieve the beauty of subject and style, and to return to purity and simplicity.

润 · 建筑工作室

润 · 建筑工作室由王灏与叶曼联合创立。工作室前身为"佚人营造"与"曼氏建筑"。

润 · 建筑工作室主张设计从日常美学与独立思考开始，力行"人宅互养"的建筑理念，反观传统人文，取长古今工艺，尊崇自然共生法则，悉心营造文质并美、返璞归真的当代"润"生活美学。

Mr. WANG Hao, born in 1978, the primary founder of Anonymous Architects Workshop, the co-founder of Rùn Atelier with Ms. YE Man in 2015, received a bachelor's degree in Tongji University College of Architecture in 2002, won the 'JOHANS GOERDER' of Germany in 2004, won German 'BAUWELT' award for first work in 2013, held the personal exhibition 'Free structure - Chinese new residents' in Shanghai Design Center in 2013, participated in Shanghai Urban Space Art Season 2015 with Ms. YE Man, founded the 'Country Construction Institution' with Mr. ZUO Jing (curator, publisher) in 2015, aiming to rebuild the workshop for residence construction and encourage the research of residence and folk workshop of timber structure.

Ms. YE Man, born in 1985, the primary founder of Y.M.A studio,earned a master's degree in Tongji University and Bauhaus-University Weimar College of Architecture in 2002. He schemed for Shanghai Pujiang talents, played a role of founder and secretary general of Tongji Green Building Council, and co-founded Rùn Atelier with Mr.WANG Hao in 2015.His research interest is tenon-and-mortise jointed wooden architecture.

王灏，1978年生。原"佚人营造"创始人，2015年与叶曼共同成立润·建筑工作室，2002年同济大学建筑系毕业。曾获得2004年德国JOHANS GOERDER奖，2013年德国BAUWELT 处女作奖，2013年在上海设计中心举办"自由结构－中国新民居"个展，与叶曼共同参展了2015年上海城市空间艺术季。2015年与策展以及出版人左靖先生一起成立了"乡村建造学社"，力图重造民居营造书院，并倡导民居研究以及木构设计民间工作营。

叶曼，1985年生，原"曼氏建筑"创始人，2010年同济大学和德国包豪斯大学硕士毕业；上海市浦江人；同济绿色建筑学会发起人兼秘书长；2015年与王灏共同成立润·建筑工作室。研究兴趣为榫卯木构。

Country Construction Institution

The 1st phase of Country Construction Institution：Timber Structure Renaissance Programme

Topic background

Country construction institution is founded by Mr. ZUO Jing and Mr. WANG Hao, based on fine residence heritage of Huizhou region and profound residence culture in the south area. Currently, a great number of traditional timber structures have been demolished or removed, improper modern construction methods are implemented stiffly while traditional structures are declining. How to make 'local architecture' meet the large demand for new construction in the south area, and inherit their spirit and technics well, becomes the most important problem and the key to new residence construction. To rebuild the construction morality, improve and inherit traditional construction technics, and continue the spiritual space quality of residence is the key point of residence construction in the south area.

Country Construction Institution

Since ancient times, the relationship between creators has been as follows: designer, supervisor and constructor are a trinity. An ideal process of creation is: sketch, working model, construction drawing, construction, modification on site, and construction. Nowadays the strict social division of work results in designers losing the right to construct, investors control the behavior of designers, and supervisors comply with constructors. Such a disordered relationship between creators makes it impossible to produce creations with high quality. Furthermore, this relationship in mess influences the successful implementation of the creation process. From ancient times till today, from a human perspective, the condition of creation has declined since it reached its' peak in the Song and Ming dynasties. In the primary stage of capitalism, due to the intervention of the machine, there has been a new peak of creation in the early stage of modernism in western countries. This is because new materials and new technologies accelerated the accuracy and speed of production. Therefore, ideal relationship relationships between creators and their process are inherited. Moreover, the new materials and technologies have been mastered which formed the golden stage of creation. This peak lasted till the end of last century.

The situation in China is totally different. Till the start of the second decade in this century, China reached the golden stage of creation. Under the massive movement of crafts improvement and the renewal of architecture, the blowout of outstanding design appeared in recent years. Could the ideal relationship and process of creation be built up again in the flood of capitalism which permeated into the deep soul of thinkers? A strong and independent design principle is required to persist. Furthermore, an independent spark of thought requires an independent 'base area' for creation, keeping far away from unscrupulous investors firstly.

We are gradually building up the ideal relationship of creation. In the acquaintance society of countryside, 'acquaintance architectures' are constructed one by one, continuously improved and modified. We try to transform the core code 'emotional structure and symbolic structure' to certain inspiration, and finally it becomes the new design thought which can be expressed by the modern technologies and materials, such as period summaries 'Free Structure', 'Phenomenology of Structure', till the latest focus of our studio, 'Modern Mortise and Tenon Structure'.

a. Country construction institution is based on fine residence heritage of Huizhou region and profound residence culture in the south area. Currently, a great number of traditional timber structures have been demolished or removed, while improper modern construction methods are implanted stiffly. How to make 'local architecture' meet the large demand of new construction in the south area, and inherit their spirit and technics well, becomes the most important problem and the key of new residence construction. To rebuild the construction morality, improve and inherit traditional construction technics, and continue the spiritual space quality of residence is the key point of residence construction in the south area.

b. Country construction institution stands on rebuilding introverted structure of classical or modern villages and breakthrough point will be projected into classical timber structure. The essence of this problem is how to make them have contemporary design spirit and how to meet the trend of appropriate industrialization. Tenon and mortise, with strong emotionality and technicality, stand for the essence of Chinese classical culture and thoughts. Mature classical timber structure is formed by inheriting and developing the noumenon during thousands of years. When we discuss the rebuilding of 'a local architecture noumenon', how to rearrange the principles, mechanics ideas, construction morality, structure levels and the humanity of classical timber structure, and equip them with accuracy and calculability of modern design methods while keeping strong symbolism and technics of classical timber structure becomes the key issue.

c. The improvement of timber structure means the reset of structure thoughts. We will go forward from an 'inorganic structure' to an 'organic structure'. Timber, with unique quality, texture and temperature, can't be taken place by other materials. Above all, a timber structure with strong hierarchy and plasticity can be combined with the prefabrication system and industrialization nowadays contributes to encouraging the fast construction or standardization construction. Inspired by classical timber structure, and finally realize the great prefabrication of component in country construction by craftsmen on site, the main mission of country construction institution is to research and develop a 'timber prototype' with high design skills and techniques.

Silk scroll of Qian Tong House

前童木构绢本画

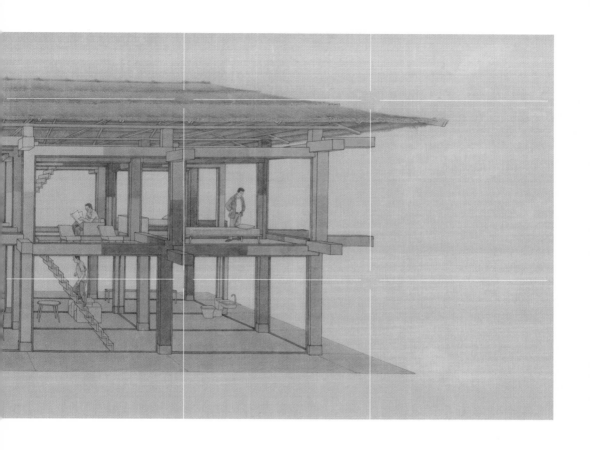

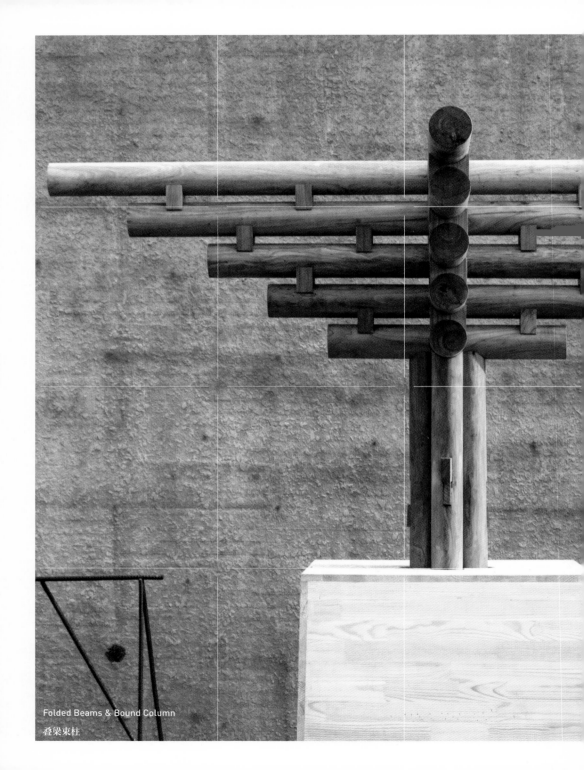

Folded Beams & Bound Column

叠梁束柱

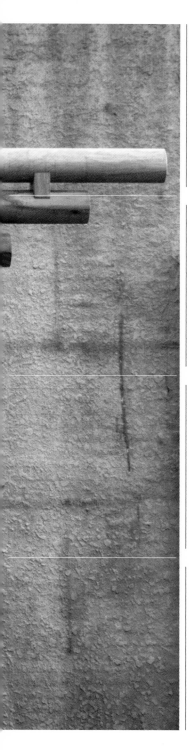

缘起

自古至今，理想的造物者关系如下：设计者–监造者–建造者三位一体，而理想的造物程序如下：草图–工作模型–施工图–建造–现场修正–建造。如今的高度社会分工，使得设计者失去建造者的权力，投资者控制设计者的手脑，监造者附庸于建造者，此等混乱的造物者关系使得上品物器的产生变得不可能，更要命的是，造物者混乱的关系必定影响造物程序的顺利实行。从古至今，从人文角度出发的造物品相在中国末明到达顶峰以后，一直在走下坡路。在资本主义初级阶段，由于机器的介入，曾经在西方的近现代主义早期出现过一种新的造物高峰，那是因为新材料新技术的出现，加速了生产的精确度以及速度，而理想的造物关系以及程序被很好地继承下来，并很好地驾驭了新材料以及新技术，所以形成一个人类黄金的造物阶段。这一高峰一直持续到上世纪末。

而中国的情况完全不同，直到本世纪第二个十年开始，中国才进入造物的黄金阶段。在轰轰烈烈的手工艺改良运动以及建筑改造美化下，优秀设计的井喷是近几年的事情。如何在当今资本已经泛滥并渗入到思想者灵魂深层的时候，重拾并改造上文提到的理想的造物关系以及造物程序是核心关键，这需要强大的独立设计思想并一以贯之，而且，这样的思想要能依附于一个广大人群传统基因，并依据先进的生产力推陈出新。一个独立的思想火花一定需要一个独立的创作"根据地"，首先要远离无良投资者。

我们在慢慢地建立"理想造物关系"，在农村的熟人社会中，一个个的"熟人建筑"被营造出来，不停地改良并修正，用我们从古典建筑里最核心的密码——情感化结构和象征化结构——转化出来的感悟，变成一个可以被当今技术以及材料重新诠释的设计思想，譬如类似"自由结构""结构现象学"等的阶段性总结，一直到最新的工作室的重点之一"现代榫卯木构"。

Improved Prototype of Fork-column-made
(Around-column-made) Structure

叉柱造改良

Wood Joints of Qian Tong House

前童木构榫卯

壹

乡村建造学社立足于徽州地区优良的民居遗产，以及江南地区底蕴泽厚的民居文化。目前，大量的传统木构民居被拆除，移建，败落，不适当的现代建造方式被生硬地植入。如何使本土建筑学重新面对当今江南地区乡村大量的新建需求，同时比较好地延续江南木构民居的气质底蕴、工艺，成为新民居建设第一线的问题以及关键所在。重塑民居的建造道德；改良以及传承建造工艺；延续民居的精神性空间是当今江南地区乡村民居营造的重点。

贰

乡村建造学社立足于重塑古典或现代村落的内向结构，把设计突破点投射到古典木构，这个本质的问题是：如何使之具有当代设计精神并符合适当工业化的趋势。榫卯木构，代表了中国古典文化精髓以及思想精华，具有强烈的情感性以及技术性。近几千年的延续以及本体演化造就了非常成熟的古典木构，当我们讨论重塑一种本土建筑学本体之时，如何使古典木构的法则、力学思想、建造道德、结构等级以及人文之气被重新编排，既具现代设计的精确性以及可计算性，又具备古典木构的强烈象征性以及工艺性，成了头等之事。

叁

木构改良意味着结构思想的重设。我们将从一种"无机结构"走向一种"有机结构"。木材独特的质感、纹理以及温度感是其他材料不可替代的。更重要的是，一种"等级性"以及塑性很强的木结构可以与当今的工业化以及预制化体系结合起来，以便快速或者标准化建造。乡村建造学社的主要任务是在古典木构的启发下去研发一种具备高度设计技巧以及工艺性的"木构原型"，并最终在大量的乡村营建中实现预制化构件，现场工匠化营建。

Qian Tong House

前童木构

润 · 建筑工作室

目前关注及研究方向

王：我们关注日常的传统民居如何能够适应当代的生活方式，信息化社会带来的移动式居住和办公对那些传统的住宅也是福音，那些节气很高的住宅比较适合作为第二或第三居所，以减少过于频繁的世俗日常带给她们的损害。同时，我们也关注如何创造全新的民居，当代的生活方式与具有感染力的设计能够养出独具价值的新住宅。这些是我们工作室的日常工作。当然，这次我们参展的主体是乡村建造学社，具体内容是木构复兴计划，所以，现代榫卯木构也是我们的重要研究方向，并在那些研究了很多年的新住宅里面使用，住宅是新思想和新结构最佳的试验场，每一个项目我们都注入大心血，与朋友圈业主共同参与一件新物的营造。

叶：在物质生活日益丰盛的世界里，精神生活的探讨逐渐成为主旋律。中国自古有着自成一体的思想体系，这一点我们通过字画、园林、建筑等形而下的溯古，可以窥见那个曾经完备而美丽的东方世界。生于20世纪末的我们，已经对被开放时的痛苦感受渐浅，但对眼前世界全球化的趋势深有体会。这是一个精神全面融合的过程，现象界呈现各种涌动。而作为二三十岁的年轻人，不免想回头看看我们是从哪里来的，又将到哪里去。我们相信新的形式将在向前的脚步与历史的回眸中诞生。因此长期以来，我们密切关注可持续发展与东方文化之间联系的可能。

作品观念形成的来由与成因

王：我们提交了两个新木构，三个柱式。从2011年开始，我们就在乡下展开住宅工作，象征性结构/情感化结构是我们在住宅里的灵魂所在，尤其是那些新式设计住宅，虽然受限于严峻的造价和几乎毫无利润的工作，但是，一个个建成物就是工作最好的回报，我们有机会细微地发展自己的品味，在一些小型空间里尝试新的构想，培养自己的材料体验，试验一些比较冒险的结构想法，更重要的是，学习一些我们非常感兴趣的乡土建造方式，譬如，瓦片墙，糯米地面，等。这些养分使得我们成长得很健康。我们也学会了何谓朴素，何谓张力，何谓平衡，何谓工艺之道。所以在适当的时候，我们会作些小结，譬如几年前的"自由结构"，譬如"结构现象学"。譬如目前的"现代榫卯"，这些词听上去有些玄妙，但却是真切的内心所凝结。真实的造物者，其实不应该去碰触理论化的雷池，保持现场感以及融入造物之境是保证造物过程纯粹的不二法门。也许，某些时候是为了呼唤更多的同类，才会发出这些带有形而上的鸣叫。

叶：建筑作为社会博弈的结果、建造思想的呈现，我更关注其背后的哲学伦理。在生产力非常强盛的今天，我们可以随意地改造大自然。但应不应该改造？又如何改造？这才是问题的根本。前童木构是第一次尝试。木头作为一种可以回归的材料，从物质基础上保证了建筑与自然的循环。榫卯凝结着"平衡"之意的中国文化，或可在全球化的语境中带来一种崭新的视角。二者组合起来的作品旨在撩起可持续营造大篇章下的一个小角。

日常研究方法与工作方法

王：我们倡导"人宅互养"，这个观念来自于古人与物的关系，熟知中国传统即会。我们造宅，养宅洗心。所以，研究造物关系以及保证理想的造物程序是重要的工作方法。理想的造物者关系如下：设计者—监造者—建造者三位一体，而理想的造物程序如下：草图—工作模型—施工图—建造—现场修正—建造。

我们工作室目前负责造物阶段的实施，而研究工作主要依附于建造学社，建造学社是我们与左靖先生共同的构思结晶。所以，这是一个平行的充满交集的工作与研究方式。这个做法基本以五人为基本单位。在目前的工作报酬下，我们也很难一下铺得很开。但多年"聚焦"式的工作方式已经教会我们如何在精力最旺盛的年纪恪守住把80%的时间投入到最有效的地方，我们也围绕这些工作组织了个人的生活方式，人宅一体，血肉相连。所以，有时候我们很喜欢在自己营造的房子里打扫，布置，思考。这些氛围中的思考是有益的。

叶：日常主要是在古今东西之间游走，观摩各种整体与细部。从各种现象中领会不同的神情意趣，并对之进行判别筛选，找到令自己深切动容的部分。通过这些物象一片一片地映照出更加清晰完整的自己，并渐渐积淀成体系。然后通过具体的项目，借助各种工艺，把自己的内心世界外化出来，并在创作过程中享受畅快的释放。而所完成的作品既像是复刻的自己，又像是一个独立的生命体，也会持续地令我感受到惊奇。

具体事例或工作案例

王： 从2011年起我们一直在做住宅，如果从库宅（2006-2010）算起，已经有十年了，接下来在2010年设计并督造了春晓王宅，2012年春晓柯宅，2013年白峰胡宅，2014年五号宅，2015年春晓王宅二号（设计中）。还包括一系列并未建造，但已经构思成型的那些房子，今年开始工作量更大，目前至少已经累积四五个住宅在手边设计，如何保持思维的新鲜度以及独创性变得更加重要，所以我们一方面转化来自建造学社学员好的设计思想，帮助他们建立起人生第一栋住宅，另一方，我们独立构思，把重力-材料-风-光-水这五元素进行各种各样的编排，形成一幕幕的住宅场景，或许，这并不新鲜，毕竟，普通人也能在自然中感受这些大美的存在，但在建筑内外，这还是有所不同，奥拉维尔·埃利亚松（Olafur Eliasson）的作品也能让人感受到如何用当代的技术以及人工环境下重现自然，他的"人造太阳""你的彩虹全景"等表现出来的张力以及创造力几乎可以使人窒息。这些也正是我们想通过建造做到的。建筑，永远不是装置。所以，一旦这些东西被完整塑造，将是另一种大美。当然，创造难度也是装置的数倍。

叶： 前童木构，与一个自宅的改装。

Rural surveying and mapping

乡村测绘

对参展主题的看法

王：我们喜欢这样的主题，梁先生的"日常道"击中了我们国内建筑界长期存在的毛病，就是"假—大—空"。木构之道，游走于象征性与日常工艺之间。这也是为何我们这次选择了木构复兴计划参与这次展览。我们一直在疑惑，一个几千年下来的技术，覆盖我们历史以及生活的方方面面的一个体系，怎么就不能够符合当代人的生活以及生产方式了呢？很多建筑师对古建筑几乎不屑。其实，这是一个思想高度以及设计技巧熟练度并具，才能谈够不够能力搭手的问题。当一个东西能够存在千年，我们想，她必然是高度体系化的，其核心的体系思想以及工艺也是高度发达并独立的。思想—工艺—材料高度一体化，预制化以及日常工艺又使木构具备极强的传播性。而且，木头还具备天然的材料优势，有温度又便于加工。这样的一个体系，我们岂能置之不理？我们直觉，这一代建筑师有可能重新获得传统木构的营造方式，并利用最先进的技术以及合作伙伴使得"榫卯再生"，我们从前童木构，一个日常的住宅之所开始研究榫卯再生。把新式的工艺以及手工搭建（无钉）营造过程都通过录像呈现出来，解剖传统体系以及创造新式体系是同步的，因为，我们认为木构的象征性/情感化是二者的唯一纽带。

叶：参考第一、二条。木构作为一种表达，背后有更加深刻的文化内涵。具体解读参考小文《榫卯再生》。木构只是可持续发展大背景下的新形式之一。希望看到更多的人反思营造的道与德，并给出新的解读。双年展是一次表达自己、号召同伴的好机会。

未来计划

王：我们工作重心在住宅，一是传统住宅如何改良，二是新式住宅营造，三是结构研究，包括榫卯木构，钢木结构等。这些工作是一大半。大房子计划也一直在设计，我们觉得体系研究都是从小到大的，建筑也不列外。所以，刚刚完工的柯力博物馆是一个巨大的建筑，马上要施工的前童职工俱乐部又是另一个大房子，而其结构概念是五号住宅的放大版。未来，建造学社的研究+营造的工作希望能够辐射更多的志同者，一同参与木构再造。

叶：用营造技能协助周围的小伙伴们诗意栖居，并无声地倡导更加健康优美的生活方式。

卷 五

宋 群

SONG Qun

Born in Xi'an, China in 1970

SONG Qun is an artist, planner, as well as the founder and editor-in-chief of *Local*. He has been recording local culture and city memories of Xi'an from the perspective of the civil society for a long time. At the same time, he has been collecting and sorting out the related literature and material objects, as well as doing studies and practice on city development and changes. Meanwhile, he has planned and held a number of urban residential and commercial construction projects successfully. Since 1992, He has been teaching in Shanxi Normal University at Academy of Arts.
Lives and works in Xi'an.

Website: www.localbendi.com

宋群

1970年出生于西安。艺术家、策划人、《本地》书系创办人及主编。一直以民间角度记录西安的本土文化与城市记忆，收集整理相关文献与实物，进行城市变迁与发展的研究与实践。同时，主持策划过多个城市住宅与商业建筑项目。1992年至今，任教于陕西师范大学美术学院。生活、工作在西安。

网站： www.localbendi.com

Something About Food

This project, *Something About Food*, is part of the Folk Life Exhibition Series I have designed, and also part of The Local book series as well as its extended readings that I started editing from 2008. What is "the local"? It is the locale where work and life breathe, a circle with the "I" as the center extending outward. This locale, inclusive of the mountains, plains, rivers, cities, villages, people, events, material conditions and everything else in it, constitutes a sense of the local. The current force of globalization casts such a spell on every locale, restructuring everything virtually in the same manner, diminishing the very idea of "hometown" and gradually vanquishing traditional lifestyles. All that has been familiar to us is now disappearing at an astonishing speed. With the objects to which memory is attached being lost, memory and the related trajectories of life would soon lose references and become a void. Xi'an, the city where I was born and grew up, is unfortunately no exception. In light of all this, I have been trying to restore memories of Xi'an, with texts, photos, videos and other seemingly futile attempts that do not seem to have any impact on current life. Thus, the bygones of Xi'an or Chang'an, to use its ancient name, have become a very important part of my life.

Something About Food is not so much focused on culinary art as it is focused on life and other conditions related to food. Eating is the very center of the folk life. In China, eating is tremendously important, as it is often compared to the Heaven. Therefore, everything that revolves around eating is far more than just a culinary matter. From a historical perspective, in eating is found the philosophy of life.

This project is divided into three parts. Part I, People; Part II, Events; Part III, Things.

Part I consists of video-taped interviews of 100 common people. Every interviewee's oral narrative revolves around some personal experience or some tangible objects related to food. Every "thing" recollects a person's life. Part II, Events, is a documentary film that narrates, with historical images related to eating, a century-old story of hand-made wheat-based foods in northern China. Every sight and scene around the dinner table is a footnote to how history changes. Part III, Things, is a sequence of utensils and tools underlining the theme of noodles in northern China, depicting aspects of farming, harvest, grain-storage, cooking and eating, exhibiting farm tools, kitchen utensils and food-serving utensils, thus representing the whole process from the farm field to the dinner table.

By presenting a China at the dinner table, this project provides an outline history or a landscape of great mountains and rivers that is nonetheless related to something so basic as eating.

Author: SONG Qun
Coordinator: MU Jian / GUO Xin / LIN Shijia
Design Assistant: FAN Lijun / GENG Nannan
Illustration: GUO Xin
Photography: TIAN Yuan
Music: WANG Tianhong / WANG Keju / Murat
Assistant Manager: HE Li / ZHAO Yanpeng /ZHAO Shuang

Special acknowledgement to our English translator Dr. Toming Jun Liu, California State University, Los Angeles

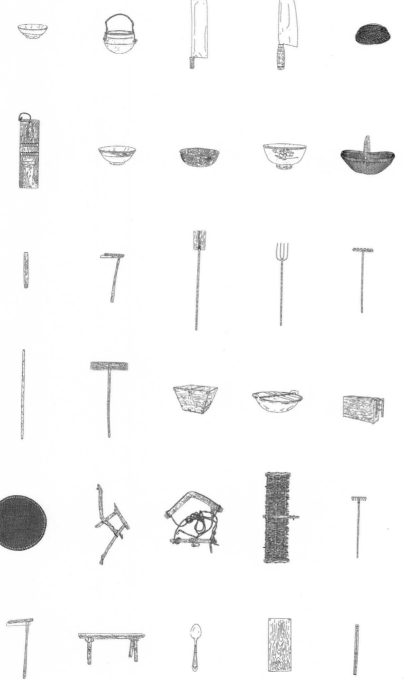

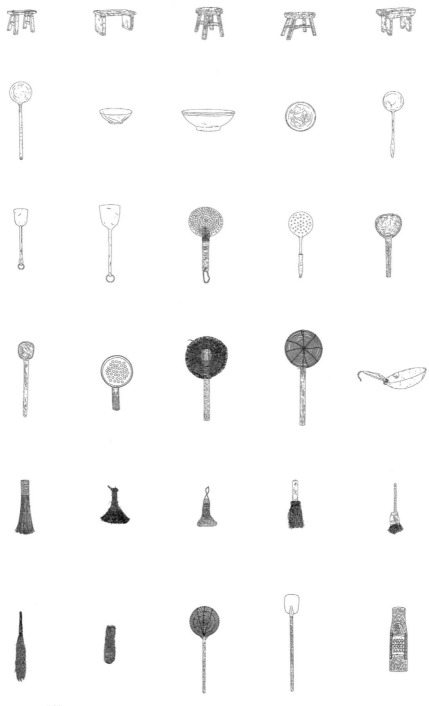

展位 _ 剖面透视图

Booth _ Sectional perspective

吊装射灯　席　　条凳（放置展品）

Hanging spotlight　Mat　　Bench(Exhibits placing)

展品

Exhibits

投影画面   投影仪

Projection picture   Projector

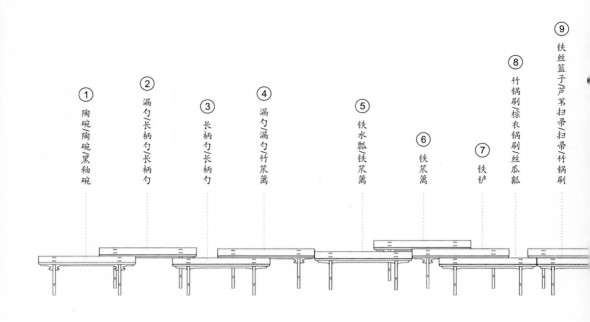

① 陶碗/陶碗/黑釉碗

② 漏勺/长柄勺/长柄勺

③ 长柄勺/长柄勺

④ 漏勺/漏勺/竹笊篱

⑤ 铁水瓢/铁笊篱

⑥ 铁笊篱

⑦ 铁铲

⑧ 竹锅刷/棕衣锅刷/丝瓜瓢

⑨ 铁丝篮子/芦苇扫帚/扫帚/竹锅刷

1. Bowl/Bowl/Black glaze bowl
2. Colander/Ladle/Ladle
3. Ladle/Ladle
4. Colander/Colander/Bamboo spider
5. Iron bailer/Iron spider
6. Iron spider
7. Shovel
8. Bamboo pot brush/Palm pot brush/Loofah cleaning ball
9. Iron wire basket/Reed broom/Broom/Bamboo pot brush
10. Oil brush/Hanging pot/Shovel/Shovel
11. Grater/Grater/Corn file
12. Rolling pin/Rolling pin/Rake
13. Broadsword/Kitchen knife
14. Lasso/Iron frok
15. Wooden push plate
16. Sickle
17. Wooden rake
18. Bamboo basket/Sickle
19. Wooden shovel
20. Hopper
21. Bamboo Sieve
22. Paper basin
23. Pot

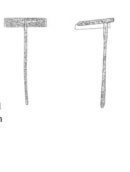

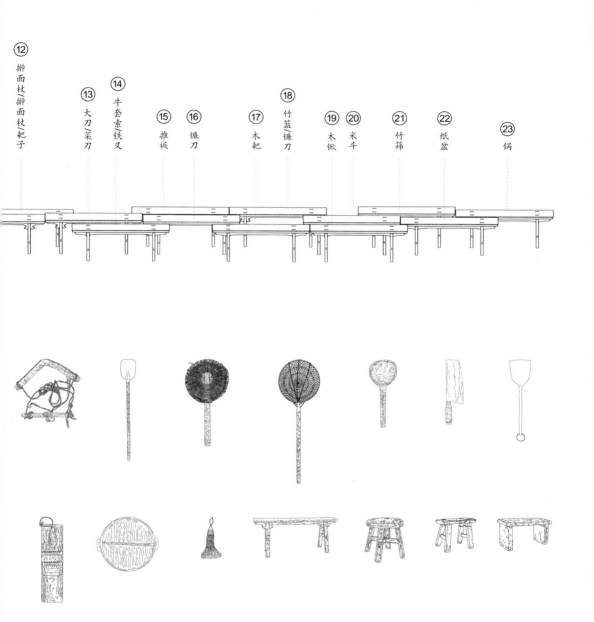

⑫ 擀面杖/擀面杖/耙子
⑬ 大刀/菜刀
⑭ 牛套索铁叉
⑮ 推板
⑯ 镰刀
⑰ 木耙
⑱ 竹篮/镰刀
⑲ 木锹
⑳ 米斗
㉑ 竹筛
㉒ 纸盆
㉓ 锅

与食有关的物

作品《与食有关的物》，是本人策展的"市井生活系列展"的一部分，也是我从 2008 年开始主编的《本地》书系其延伸阅读的一部分。何为本地？是以我为圆心，向外延伸的生活与工作半径的所在之地。这个所在，以及所在之上的一切，山川，河流，城市，乡村，人、事、物，其整体之和，构成了本地。全球化的魔咒，使每一处所在，几乎以同一种方式被重新建构，故乡不断被消解，传统生活方式逐渐消失，熟悉的一切都以加速度在消亡。记忆，因为记忆附着物不复存在，其构成的生命轨迹，成了无可对应没有参照物的虚无。西安，我出生和生活的地方，当然也在其中。基于此，以文字、照片、影像这些徒劳无功对现状并不发生实际作用的方式重新梳理西安——曾经的长安，成为我生活中很重要的组成部分。

何为市井？"立市必四方，若造井之制，故曰市井。"盛唐时，长安城一百零八坊，坊为居，另设东市与西市，市为商，李白有诗"五陵年少金市东，银鞍白马度春风"，极尽繁盛，再后来，岁月凋敝，夜路狂奔，长安一去不返，魂魄尽失，唯留躯壳，只余西安。"买东西"的说法，就是源自东市与西市，如今说法仍在，东西市，荡然无存，"坊间"与"街坊"的说法也在，坊，却踪迹难寻。唐时，坊与市四周，筑有高墙，居住与商业，截然分开，仿佛曾经风靡一时的西方现代城市规划，泾渭分明。坊门与市门都四门紧闭，晚上还实行宵禁。但是，随着商业日渐兴盛，坊与市之间，逐渐互渗，原来的格局，被逐渐打破。自然生长的力量，什么也拦不住。在我少年时代，街道边摆摊，家门口乘凉，家与城之间，还是一种温和的互相渗透的关系。这种生活、工作、商业的混处，虽然喧闹庞杂，却衍生生活智慧，滋养处世哲学，充满人间烟火气。有关西安的市井生活系列展，就是对此观察与研究的呈现。

而《与食有关的物》所关注的，并非美食。而是与吃相关的生活形态及其他。

吃，是市井生活的中心。在中国，吃从来都是天大的事。围绕吃的一切，也早已超越了饮食本身。历史地看，吃是生活哲学。

作品分为三个单元。第一单元：人。第二单元：事。第三单元：物。

第一单元，由记录采访视频组成，选取 100 位普通人进行口述。每一个人的口述，都围绕一件与食有关、与自己有关的物。每一个物，都承载了个人的生活记忆。第二单元：事。由中国北方手工面食的纪录片，以及近一个世纪以来，有关吃的历史影像组成。每一个围聚而坐吃饭的场景，都是时代变迁的注脚。第三单元：物。由一组以中国北方面条为线索的器具构成，包括了耕种、收割、储藏、烹饪、食用各个部分，从农具到厨具，再到餐具，贯穿从田地到饭桌的完整过程。

藉此，试图勾勒出一个饭桌边的中国，一个时间的地图，与吃有关的山川沟壑，大江大河。

作者：宋群
统筹：慕健 郭鑫 林仕嘉
设计助理：樊利君 耿楠楠
插图：郭鑫
摄影：田原
音乐：王天宏 王恪居 穆拉特
助理：何理 赵炎鹏 赵爽

特别鸣谢：英文译者童明先生

宋群

Q:目前您关注及研究的方向有哪些？

A:从2006年到现在，关注及研究的方向，一直没有变，就是不断地观察和记录城市，收集、整理与西安本土文化相关的文献、影像、实物。平时所做的出版、策展等一系列工作，也是这些内容的呈现方式。

Q:您是怎么开始这个方向的工作的？

A：每个人都觉得了解自己生活的地方，但事实却未必。我出生在西安，童年是在西安城里度过的。西安人只把现存的明城墙里面，叫做城里，城外都是东郊西郊南北郊，尽管城市的范围已经数倍于它。童年住的那个地方叫夏家什字，直到90年代末，还有旧城街巷的模样。后来城区改造，那儿就变得很陌生了。上小学以后，全家搬到了父亲教书的一所大学。之后很多年，一次也没有回去过童年生活的地方，无论物理距离还是心理距离，那儿一度变得很遥远。我开始重新审视过去，是自己也开始教书之后。接触年轻人越多，越发现年轻人普遍对自己出生和长大的地方一无所知。人们往往对异乡很好奇，却常常对家乡熟视无睹。大约十多年前，我开始做《本地》书系，初衷就是自己想了解更多，也想通过自己的研究整理，让年轻人了解更多，也希望这些以后成为城市变迁的佐证。

Q: 能举例说明工作是如何开展的吗?

A: 《本地》旧城旧忆的背后,是大量相对理性的资料收集与整理,包括实物的收集。近几年,开始切片式对老街巷进行全景记录。《本地》一直强调民间角度,所谓民间角度,是指个人的、有个体差异的角度,所对应的当然是官方的、标准的角度。每一项研究,都会放下既成观点,重新梳理脉络,重新解析。就拿我们做过的西安"回坊"老街区研究来说,腰封上我写了一句话"没有回坊,西安就是一座死的古城",为什么这么说? 因为古城的古,如果只剩下遗迹,只剩下博物馆或陵墓,也是很悲哀的。历史只有和当下生活发生关系,大家才会更好地尊重历史。欧洲一些古城的古老,是一种与日常生活紧密相关的古老,街道、建筑,都是几百年前的,仍在使用。遗憾的是,西安的传统民居在城内所剩无几,换句话说,除了城墙,也许没什么与生活有关联的历史建筑。"回坊"里也是如此,老宅不多,我们都做了标注图,但"回坊"有意思的是,那儿仍延续着唐以来的依寺而居、依寺而商的生活形态格局,这和一千年以前没有区别。这其实才是古城的古,是活着的历史,这比建筑更重要。

Q:这些工作只是围绕西安吗?

A:每个城市,都有其生动的过去,大家的生活经验是相似的。虽然是在记录西安,其实也是在记录中国。2013年,《本地》的"市井生活"系列展及出版物,一开始,确实是定位给西安人看的,而且是给普通观众看的。第一个展"一个人的城市记录",是80年代西安的街区生活影像,绝大多数都是第一次出版,也是第一次公开展出。每个城市传统意义上的"市井生活"，以前都是城市生活中最鲜活的部分，也是最有特色的部分。现在取而代之的，是逐渐趋同的所谓都市生活。在这个不可逆的过程中，尽可能保留一些有价值的城市遗存。

Q：您这次参展内容与研究方向二者之间有怎样的关系？

A：这次送展作品，是"市井生活"系列展另一个主题"与食有关的物"的微缩版。吃是生活重心，与食有关的器物变迁，也是消失的生活形态的一部分。

Q：最近在做的工作是什么？

A：最近一直在做《本地》"西仓专辑"。西仓在西安老城区，那儿逢周四、周日，都会有特别热闹的集市，当地人叫"档子"，花鸟鱼虫、五金杂货、镶牙补牙，特别有烟火气，充满市井味道。西仓，曾是明清官府粮仓，又称永丰仓。粮仓，在战时尤为重要。西安人熟悉的故事"二虎守长安"，杨虎城李虎臣抵抗镇嵩军时，就是粮仓储备不足，长安城被围八个月，城内军民死伤惨重。后来冯玉祥率军解围，还重修了西仓。西仓东西南北四个巷道，集市就是在巷道展开，据说清末民初就已经存在。集市原本是是农耕社会的遗存，在城市里仍这么兴盛，已不多见。从去年开始，我们就在做西仓的研究，用文字、口述、影像的方式完整记录西仓。除了准备西仓专辑，最近设计改造了一处五六十年代的老厂房，作为本地以后长期的资料文献存储、展览展示的空间，会不断推出有关本地文化的展览与交流活动。

Q:请问您对参展主题的看法？

A:孔子曾说过一句话：礼失求诸野。如果按此逻辑推理，也就是说，很多事情的本源，或是解决问题的答案，其实都在日常之中。个人觉得，这次威尼斯建筑双年展的主题，也许与"礼失求诸野"，有异曲同工之处。

Q:您的未来计划是什么？

A:我和我的团队，除了作为旁观者记录之外，其实也一直在介入具体的建筑实践，参与了很多项目的前期研究与规划。目前在参与的一个城中村改造项目，就做了很多实验性的尝试。因为高容积率高密度的城市建筑群落，如何平衡回迁安置原住民、开发商、新住民以及与城市之间的关系，确实是一件很难的事情。为了赋予这个最后定位为开放式街区的项目更多的城市功能，我们做了一系列工作，例如把一家生存遇到瓶颈的书店进行改造，将书店、艺术展馆、小剧场做成一个城市公共空间。三年来，在那儿策划了上百场展览、讲座、演出，所有这些，都贯穿了同一个主题"阅读改变城市"。很多写作者，包括白先勇、史景迁、傅高义、吴敬琏、柴静、梁文道都在这个城市公共空间里，与年轻人分享过他们的写作。这可能是未来更愿意投入精力去做的：对于所在城市，不仅仅是记录，也许可以做一些让其稍微有所改变的事情。

效果图
Renderings

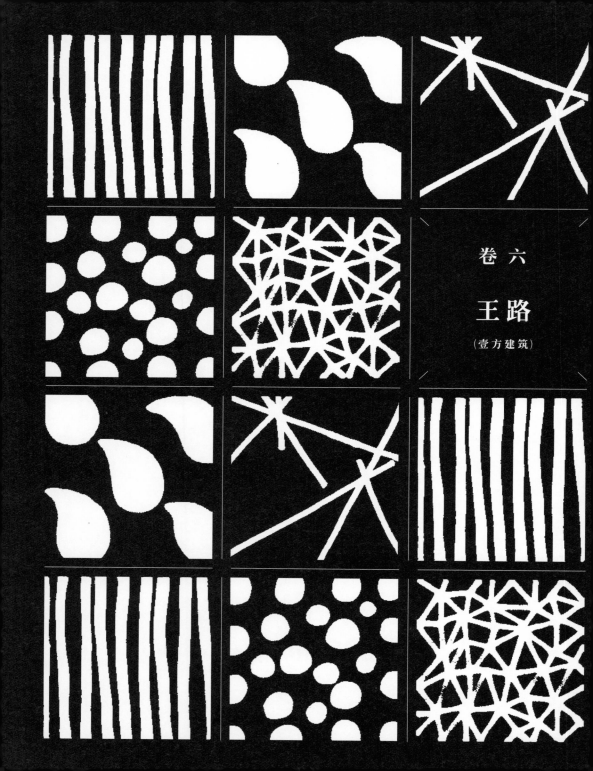

卷 六

王 路

（壹方建筑）

WANG Lu

WANG Lu was born in 1963 in Zhejiang, China, and entered the School of Architecture of Tsinghua University in 1979. He received a Master's degree of Architecture and began working as an assistant in the School of Architecture in Tsinghua University in 1987. Since 1991, he had pursued study in Hannover University in Germany. He received the Ph.D. in 1997. Now he is professor at the School of Architecture in Tsinghua University. He used to be the editor-in-chief of the magazine *World Architecture* from 2000 to 2012, and the founder of the "WA Chinese Architecture Awards". In addition to the professorship in the university, he also leads the architectural office "in+of architecture". His works are published in many magazines and books, like in AV, Architectural Record, Bauwelt, Space etc., and participated in many exhibitions in China and abroad. He is curator for the Chinese Pavilion of the 1st international Architecture Triennale in Lisbon (TAL'07).

He lives and works in Beijing.

王路

1963年生于浙江，留德博士，清华大学建筑学院教授，壹方建筑创始合伙人，曾任《世界建筑》杂志主编，是"WA中国建筑奖"创始人。曾应邀在瑞士苏黎世高等技术大学、德国柏林工业大学、奥地利维也纳工业大学、布拉格捷克工业大学等国内外建筑院校讲学。设计项目在Architectural Record、Bauwelt、AV、Space、The Phaidon Atlas of 21st Century World Architecture等国内外专业书刊中发表，多次应邀参加在国内外举办的建筑展，如2013上海西岸建筑艺术双年展，2011罗马当代美术馆（MAXXI）"中国建筑景观"展，2010德国维特拉设计博物馆"东风-中国新建筑"展，2007香港·深圳城市\建筑双城双年展，2006鹿特丹荷兰建筑中心（NAI）"当代中国"建筑展等，是2007年首届里斯本国际建筑三年展中国馆策展人。

王路生活和工作在北京。

Maoping Village School, Leiyang

On July 19, 2006, rainstorms and mountain floods caused by Typhoon "Bilis" destroyed the original buildings of the primary school in Maoping Village. Zhejiang Association of Commerce (ZS) in Hunan Province urgently raised 500,000 RMB on July 29, 2006 for building a new primary school—the ZS Hope Primary School, Maoping Village. The money was to be used for ground-leveling, playground facilities, desks and blackboards, school uniforms, and so on. The total floor area of the school is 1,168m^2, and the actual construction (including interior plaster rendering) cost is 300,000 RMB, which amounts to 300 RMB per square meter. Voluntarily undertaking the task of designing the Hope Primary School, our studio started site analysis on August 5, 2006. Together with local villagers, we constructed this new primary school on December 8, 2007, the whole process having lasted for sixteen months.

Leiyang, which is located in the south part of Hunan province, is the home place of CAI Lun, the inventor of paper-making in the Eastern Han Dynasty (25-220 CE). Maoping, which is 30 kilometers to the south of Leiyang, is a small mountain village with its simple folkways. Surrounded by hills on all sides, the village and its houses continuously spread out by following the topographical contours of hills and valleys, with the ancestral shrine at its center. Along with the development of economy and the advancement of urbanization, great changes are taking place in the Maoping Village, as in the vast rural areas of China.

Our design began with learning local residents' way of life and interpreting local residential buildings. Containing solutions for local design problems,local experience of building formed a basis for our exploration of new architectural expressions. With a Modernist sensibility, we sought to invoke the essential spirit of local culture, and at the same time relate it with contemporary life. In this way, not only is the new primary school endowed with memory of the past, keeping alive the good tradition of local residential buildings in their appropriate adaptation to the local conditions, but while revealing local characteristics, it can also open-heartedly constitute a place with a spirit of the times and a real sense of culture, so as to expand the values of local culture, and represent the humanistic character of the particular building type as embodied in the Hope Primary School.

The site of the primary school is on the slope in the northeast of Maoping Village. The two-story school building stands on a terraced ground that is embedded in the slope. The configuration, cross-section, materials and colors of the building are basically isomorphic to local houses, and the scale of its gables is largely commensurate with the surrounding houses. The division of the structure by small sky-wells that correspond to teachers' offices and staircases renders the whole building resembling a cluster of local houses; through the breaking-up of the whole, the school amicably blends with the local environment. In order to keep the construction cost under control and to adapt the project to the local construction techniques, bricks are still employed as the main building materials: red bricks are used for the building so as to have a better dialogue with the surrounding houses; whereas the limited amount of those surviving large grey bricks are applied to roads, paths, and open grounds.

The northern brick façade has a few brick lattice works piercing through each of the wall, a measure of architectural treatment that was derived from the tradition of local houses, where this technique had been applied in order to reduce deadweight of the wall and to ensure ventilation. The largest wall with lattice work of this kind on the north side of the lobby becomes the only "decoration" for the lobby space, and entering the lobby, one is presented with a digitalized scene of the outside landscape, making the space distinctive.

The southern façade, with wooden framework screen as its integral part, similarly borrowed the language of local architecture, so that the building was instilled with certain symbolic significance. Like an unfolded role of bamboo slips for writing, the façade gains an air of scholarship for the primary school building. The corridor on the second floor is thereby distinctive: when one looks out into distance, it seems as if the landscape is present behind a stretch of woods, and the building therefore is not only a architectonic structure but also a toy with intersected light and shadow, which children can enter, and with which remain the special memories of living in Maoping.

the ZS Hope Primary School, Maoping Village maopingcun village school was built at a low-cost and site-adaptive rural primary school, to which local building materials were applied, and in the building of which local residents participated. Not only does it feature the local character and humanistic connotations, but also is enriched with the spirit of the times. The practice of its design was one of our explorations of building in the economically disadvantaged areas, and of making creative efforts in the process of cultural and technical continuation. The process of building a learning place for children itself is also a rare educational experience. Within the place not only were latent various conflicts and contradictions to be addressed, but also approaches to their resolutions. Modestly attending to the site, analyzing and interpreting it in depth, learning from the place, and learning from the local experience and village residents, we had harvested much.

Architects: in+of architecture/Studio WANG Lu, Tsinghua University
Site area: 5 273 m^2
Total floor area: 1 168 m^2
building cost: 300 000 RMB
Sponsor: Zhejiang Chamber of Commerce in Hunan
Design team: WANG Lu, LU Jiansong, HUANG Huaihai, ZHENG Xiaodong, LI Jian
Construction: farmers from Maoping Village
Completed: 2007.12
Photos: Christians Richter, WANG Lu

south facade
南立面

耒阳市毛坪村浙商希望小学

2006年7月19日，"碧利斯"台风引发的暴雨与山洪摧毁了毛坪村原有小学的校舍。湖南省浙江商会于2006年7月29日紧急筹资50万人民币，用于新建一所小学，即毛坪村浙商希望小学。包含场地平整、操场设施、课桌黑板、校服等一系列开支。小学总建筑面积1168m²，实际土建（含室内粉刷）成本30万元，每平方米合人民币300元。2006年8月5日，我们工作室开始踏勘现场，义务承担希望小学的设计工作。2007年12月8日，历时一年零四个月，我们在毛坪村和当地村民一起，为孩子们建成了这所新的小学。

耒阳位于湖南南部，是东汉造纸术发明人蔡伦的故乡。毛坪村则位于耒阳南侧30公里的一个小山村，民风淳朴。村子四周、田野丘陵环绕，村落居民以祠堂为中心，沿着山形地势绵延展开。随着经济的发展，城市化的推进，毛坪村也和广大的中国农村一样发生着巨大的变化。

小学基地在毛坪村东北的一块坡地上。两层的校舍立在一块嵌入坡地的台地上。建筑的体形、剖面、材料、色彩与当地的民居基本同构。山墙尺度与周边民居基本一致。东西向通过对应于教师办公和楼梯间的小天井划分，使一栋整一的建筑像是一组民居的集合；通过这种化整为零的办法，校舍友善地融入环境。为了控制造价，适应当地施工工艺，砖仍然是建筑的主要材料：小红砖用来砌筑建筑，与周边民居更好地对话；存留不多的大青砖用来铺砌道路、广场。

砖砌的北立面，有几处镂空的砖砌花格墙，其做法来源于当地民居。当地民居中，为了减轻自重，保证通风，采用这种镂空砖墙的砌法。这里位于门厅北侧最大的一堵花格墙，成为门厅唯一的"装饰"，人于厅中，外面的风景被象素化地呈现，空间也有了特色。

木格栅的南立面，同样借鉴了当地建筑的语言，从而使建筑获得了一定的象征意义，像展开的简牍长卷一样，使小学的建筑获得了一个有些书卷气的立面。二楼的走廊也因此与众不同：向外望去，风景仿佛展现于一片树林之后，建筑不单是一栋房子，还是一个小朋友可以进入的玩具，光影交织，留下童年在毛坪村生活的特殊记忆。

毛坪村浙商希望小学是一所低造价的、结合基地、应用地方材料，并由村民参与建造的乡村小学，不但具有本土性格和人文内涵，而且富有时代精神。其设计实践是我们为贫困地区建造和在传承中创新的一次探索。为孩子们建造学习场所的过程，本身也是一次难得的学习经历。场所之中，不但蕴含了需要解决的种种冲突和矛盾，也蕴含了解决矛盾的方法。谦虚地对待场地，深入地研读基地，向场地学习，向地方经验和村民学习，也使我们有很多收获。

建筑设计： 壹方建筑/清华大学建筑学院王路工作室
用地面积： 5 273 m^2
总建筑面积： 1 168 m^2
建筑造价： 300 000 RMB
捐助： 湖南省浙江商会
设计团队： 王路、卢健松、黄怀海、郑小东、李坚
施工： 毛坪村村民谭满成、谭其成、谭树成、谭树武、谭国奇等
竣工： 2007.12
摄影： Christians Richter、王路

southeast view

东南外观

north façade

北部外观

school playground

学校操场

2nd floor corridor

二楼廊道

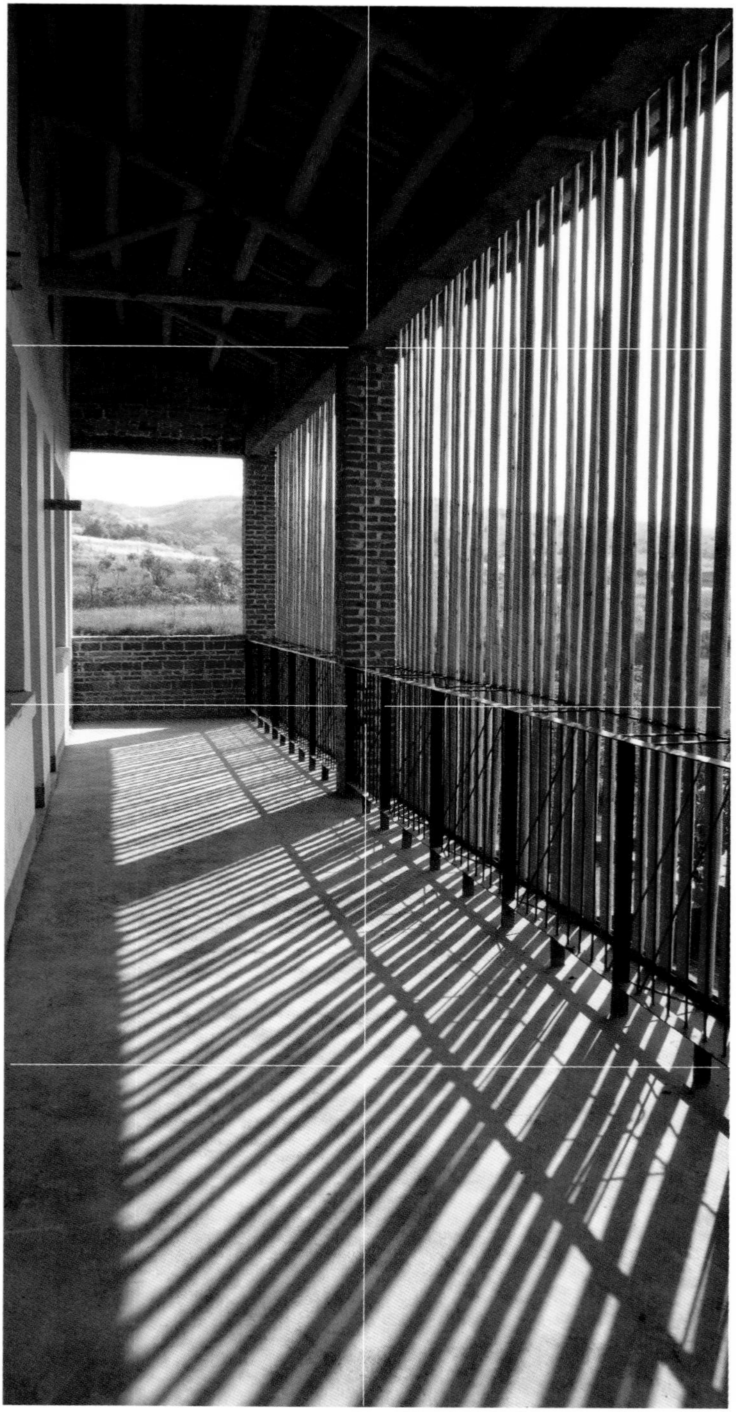

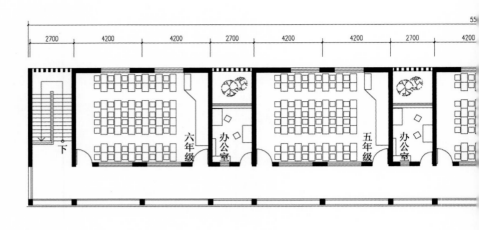

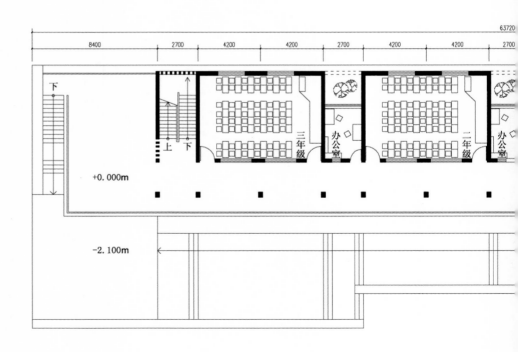

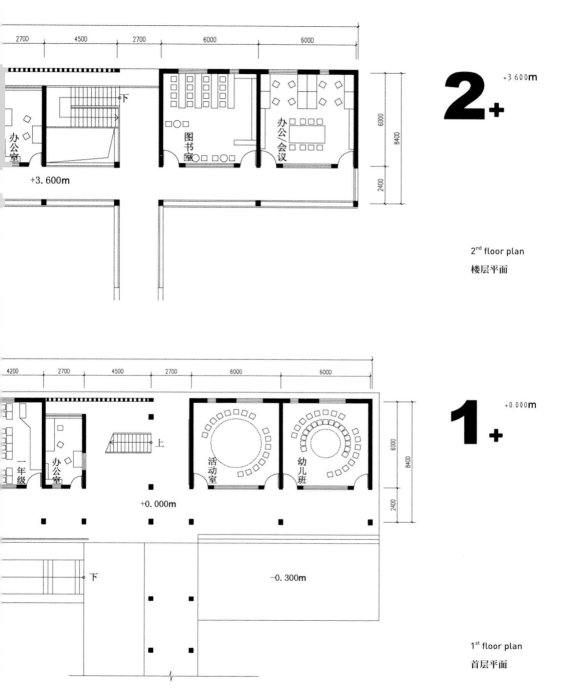

2700 4500 2700 6000 6000

6000
8400
2400

+3.600m

办公室

下

图书室

办公/会议

+3.600m

2+ +3.600m

2nd floor plan

楼层平面

4200 2700 4500 2700 6000 6000

6000
8400
2400

一年级

办公室

上

活动室

幼儿班

+0.000m

−0.300m

1+ +0.000m

1st floor plan

首层平面

王路

目前关注及研究方向

城市化背景下乡村聚落和当代乡村建筑研究。乡村聚落自古以来是人类精神家园和物质家园的体现。农业、村落和风景构成一个整体，其历史传统和生活领域的可识别性赋予村落的生活一种特别的人文品质。村落通过建筑物、建造技术和材料与自然环境的相互作用，以其朴素简洁的造型，因地制宜、生动活泼的布局，给我们展示人工与自然、建筑与风景、经塑造与未塑造因素之间的和谐。当然在当今社会，村镇已不再都是工业前社会所呈现的那种田园牧歌般的景象，它们正在发生巨大的变化，历经沧桑遗留至今的传统村镇无疑是我们的历史文化遗产，但它又是当前村民的居住现实，它要符合村民当代生活的需求。如何解决这一矛盾是村落保护与更新发展的关键。

作品观念形成的由来与成因

我们认为，建筑是一种受制于特定时空的社会行为，也是社会肌理的重要组成。这种肌理由社会发展的多个层面所构成，积淀为传统，并有明显的地域和时间特征。因而我们理解的建筑是在此时此地，在城市和风景之中，在传统与未来之间，通过发现、调整和修复既有的关系和肌理，嵌入一片属于我们这个时代的特定层面，去充实、延续和发展我们的传统，去拓展我们已熟识的世界。在设计中我们通过赞美地方建筑中体现的那种因地制宜的人对自然的亲和与敏感，运用现代技术所能提供的可能性，结合地方传统工艺、技术和材料，关注建筑的基本品质，去营建具时代精神和文化真实感的新的场所。建筑有它的环境和根基，是植根本土的特定地段和时段的特定产物，它应自信但合群地嵌入并锚固于基地，不可随处漂移。

siteplan
总图

0　6　12　18m
湖南耒阳，毛坪村浙商希望小学

日常研究方法与工作方法

在"形态"和"情态"的融合中寻求项目的"生态"。

具体事例或工作案例

比如毛坪村浙商希望小学的设计，我们从了解村民的生活和解读当地民居开始。当地的经验蕴含了解决当地设计问题的答案，是我们探索新建筑表达形式的基础。我们尝试以一种现代主义者的敏感，去唤醒地方文化的基本精神，并把它与当代生活相联系，使新的小学既能包含对过去的记忆，延续当地传统民居因地制宜的优秀传统，也能在呈现本土特征的同时，以开放的胸襟构成一个具时代精神和文化真实感的新的场所，去拓展地方文化的价值观念，并体现希望小学这种特定建筑类型的人文性格。

对参展主题的看法

很好的选题，一方面，为普通百姓和日常生活而设计是人类社会基本的设计之道，另一方面，日常生活和平民的设计比如老百姓的自发性建造有着鲜活的潜质，是设计的源泉。

未来计划

在城乡之间游走，在科技文明与自然法则，文化传统与当代生活之间寻求平衡。

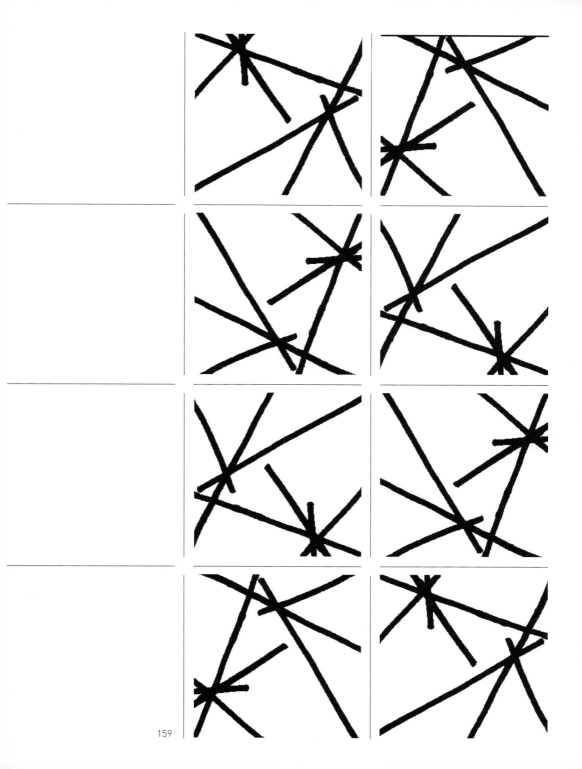

卷七

无界景观

(谢晓英, 童岩, 黄海涛, 瞿志)

View Unlimited, Landscape Architecture Studio, CUCD

View Unlimited LA, CUCD is led by Ms. XIE Xiaoying, the principle designer. The studio's work is characterized by interdisciplinary cooperation that brings together the expertise and effort of planners, architects, designers, engineers, artists and social scientists.

Website: www.viewunlimitedlandscape.com

无界景观工作室 · 中国城市建设研究院

无界景观工作室主要从事风景旅游区及城乡景观策划、规划和设计；城市设计；公共艺术项目的策划和设计；公共空间设施移动端应用系统开发。工作室主持设计师是谢晓英。工作室主旨在于建立跨领域、跨学科之间的联系，努力使相关专业不同领域的规划师、建筑师、设计师、工程师、艺术家、社会学家等，以无界限的合作方式，共同致力于项目的研究与发展。

网站: www.viewunlimitedlandscape.com

XIE Xiaoying

Born in Beijing in 1964. Landscape Architect.

After graduated from Beijing Forestry University, Xiaoying had expanded her studies in Wageningen Agricultural University, Academie van Bouwkunst Amsterdam Hogeschool voor de Kunsten and Berlage Architecture Institute (Master Class). The multiple realms of studies included researches in regional planning, urban design and landscape architecture, all of which formed her future cross-domain design concept.

In 2004, Xiaoying founded View Unlimited Landscape Architecture studio in CUCD as principle designer.

Xiaoying now works and lives in Beijing.

TONG Yan

Born in Beijing in 1962.

Tong Yan graduated from Beijing Normal University and further studied in Royal Academy of Fine Arts Antwerp in Belgium. Currently working as the principle director of the Design Department in School of Arts, Renmin University of China, Yan also takes up the role as design consultant for View Unlimited, participates in planning and designing of multiple projects. His recent researches had particular emphasis on theoretical approaches to public spaces, public art and public lives.

Yan now works and lives in Beijing.

HUANG Haitao

Born in Beijing in 1963, Artist, Art Director of View Unlimited design team. Haitao graduated from the Central Academy of Drama, and expanded his studies in Hoger Sint-Lucas Instituut voor Beeldende Kunst Gent . After his graduating from Belgium, Haitao held his debut solo exhibition in Brussels, then continued his education of digital art in Los Angeles and worked as a digital artist after returned to China.From 2009, Haitao had participated in charity activities for practical construction in Tibet, Southern China and Africa, he conducted and curated multiple exhibitions for intangible cultural researches of minority groups. In recent years, Haitao continuously works as a cross-realm artist and collaborates with architects and landscape designers while progressing his own artworks.

Haitao now works and lives in Beijing.

QU Zhi

Born in Hengyang, Hunan in 1965. Landscape Architect, Project Construction Supervisor of View Unlimited.

Qu Zhi graduated from Beijing Forestry University and currently works as the vice professor of the University. Once appointed as a visiting scholar by Chinese government sponsored program, Zhi had expanded his researches in the School of Architecture in Texas A&M University, USA. While performing his roles in Landscape education, scientific researches and other projects, Zhi travels to Africa multiple times for research and practice in local landscape ecology projects, emphasizes on heritages and sustainable development based on regional characteristics and fusions between science, art and ecology.

Zhi now works and lives in Beijing.

谢晓英

1964年出生于北京，景观建筑师。

毕业于北京林业大学，曾在荷兰瓦赫宁根农业大学、荷兰阿姆斯特丹建筑学院、荷兰Berlage Architecture Institute建筑设计Master Class，学习了区域规划、城市设计、建筑设计及景观设计等课程，形成跨领域的设计思想。

2004年成立无界景观工作室，任主持设计师。

工作生活于北京。

童岩

1962年出生于北京。

毕业于北京师范大学及比利时安特卫普皇家艺术学院（Royal Academy of Fine Arts）。现任中国人民大学艺术学院设计系主任。作为无界景观团队的设计顾问，参与了多个项目的策划与设计。近年来，他更多地侧重于公共空间、公共艺术与公众生活等方面的理论研究。

工作生活于北京。

黄海涛

1963年出生于北京。
艺术家，无界景观设计团队艺术总监。毕业于中央戏剧学院及比利时根特
Sint-Lucas高等美术学院。毕业后于布鲁塞尔举办个人画展。曾赴洛杉矶学习
计算机艺术并回国从事计算机艺术创作。2009年起多次在西藏、中国南方以及
非洲参加公益建造实践以及少数民族非物质文化调研、采集与策展。近年与建
筑师、景观设计师进行跨界合作以及从事个人艺术创作。

工作生活于北京。

瞿志

1965年出生于湖南衡阳。

园林设计师，无界景观团队工程设计总监，毕业于北京林业大学，现任该校副
教授。从事园林教学、科研和工程实践，曾作为公派访问学者在美国TEXAS
A&M大学建筑学院研习。曾多次赴非洲进行生态景观项目研究与实践。关注
科学、艺术、生态等多领域的融合和地域特征的传承。

工作生活于北京。

HOME · Communal Garden

The 66-meter lane way in Yangmeizhu Xiejie consists of courtyards no. 66 - 76, with only 1 meter in width at its narrowest and 4 meters wide at most. This is a lane way being continuously compressed due to residential space expansion over hundreds of years in Dashilan area in Beijing. There are five remaining households living in this lane way that have distinct daily lifestyles and needs. They live as neighbors but remain as strangers to each other, including permanent residents who have accommodated here for generations over 400 years, new-comers who have only resided for 20 years and temporary residents. Initiated in the beginning of 2015, the research and improvement plan for the lane way is carried out as an ongoing commonwealth project by View Unlimited. This central city project has been one of the team's close interventions with Beijing's old residential region.

The design group conducted door to door interviews with residents and store owners to get insight into their daily life and daily needs. Flora Cottage, the design plan resulting from the team's investigation and research, is to set up interactive spaces in the laneways, to enhance the common interests between the 20 individual residents - planting. The result was an open project that welcomed suggestions from the residents, accommodating their needs and tastes.

The plan has first focused on improving residents' public living environment by implementing additional accessibility facilities, renovating existing pavement and broadening the lane way. Next phase involved the establishing of the Flora Cottage, which emphasized on the interaction between the five remaining permanent or temporary households. Our aim was to respite the increasing distance between individuals in a community due to lack of intermediate group under rapid urbanization process, hence by creating a friendly buffer space in which the residents could share, hopefully generating a sense of home and belonging among the residents, especially for those who reside here temporarily.

The exhibition is divided into two parts. Indoor exhibition consists of mainly multimedia videos, illustrating the residents' daily life. Our team was part of the urban improvement project, an effort of the municipal government to better the living condition of old residential areas. Along with the images, the exhibition also conveys our thoughts about the residents' life and demonstrates how our contribution to the project, Flora Cottage, germinated and evolved. The outdoor exhibition is an installation themed "HOME·Communal Garden". It is an installation inspired by the frequently seen flower beds made of building debris and abandoned kitchen utensils around the old lane ways in Beijing city. The contrast between the thriving plants and the broken bricks and concrete fragments starkly reminds one of the residents' condition: powerless and helpless in the face of rapid urban development, they hold on to life with patience and hope. We were inspired by the residents' stubborn faith in life that is reflected in the flowerbeds, the thrown away household utensils, reutilized in the flowerbeds, tell of the community's past. The Communal Garden, made by thrown-away fragments by the lane way residents, is a physical "lane" established based on the plan of courtyards 66 - 76 lane way in Yangmeizhu Xiejie. The multimedia videos showing the daily lifestyle of the 5 remaining local households in the lane way, and also showcasing how social activities were evolved around the Flora Cottage as the plants in the shared spaces are tended by the surrounding households, providing occasions for interaction between neighbors, which further interprets the idea of fostering community spirit by encouraging conversation and communication.

The installation "Communal Garden" grows and changes throughout the 6 months of the expo, and reflects the idea of the original Flora Cottage. During the period of exhibition, visitors could participate in the activities of seeding, planting and harvesting.

Project Participants:

ZHANG Qi, ZHOU Xinmeng, LEI Xuhua, WANG Xin, LI Ping, ZHANG Ting, ZHANG Yuan, OUYANG Yu, WANG Xiang, WU Yue, ZOU Xuemei, GAO Bohan, YANG Hao, JI Xiaoman, LU Lu, LI Wei, Chen Yifeng, YANG Xiaodong, ZHAO Yi

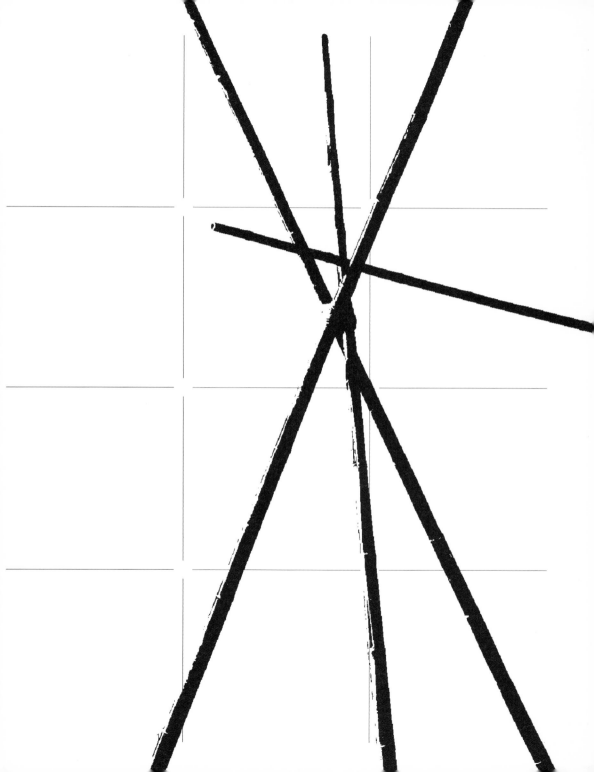

安住—平民花园

北京大栅栏片区杨梅竹斜街66-76号院夹道是因数百年来居住空间扩张"挤压"而成的一条长度66米，最窄处1米，最宽处不足4米的通道。居住于此的五户居民有定居在这里400余年的老北京家庭，搬来20年左右的新原住民，以及暂住的流动人口。这些彼此相邻但相互陌生的人家有着不同的生活背景和利益需求。无界景观团队于2015年初开始对这条夹道进行调研和改造，这是我们迄今为止对北京市中心老旧街区最深层级的一次介入，也是一个持续的公益项目。

我们多次深入夹道每户人家进行访问调查，反复研究每一户居民的生活模式与利益需求，以顺应居民们的生存逻辑与趣味爱好。调研结果显示花草的种植是20位居民的"最大公约数"，也是我们设计构思花草堂的依据，以此使夹道空间的改造能够最大优化居民们的生活，努力实现真正属于居民们的安住。

首先，我们通过修整铺装、增建无障碍设施、拓宽夹道等方式改善居民的公共生活环境。其次，以建立共享花草堂的方式介入社区营造，为常住或暂居于此的五户居民建立有效的邻里交往模式，缓解在急速城市化进程中因社会中间组织（intermediate group）的缺位而造成的人际关系的疏离。使居民能够通过养花、种菜等自然中介形式相互交流，创造社区共享价值，促进邻里关系的良性发展。嵌入友好的中介空间将缓解居民"暂住"衰败社区的焦虑，让暂住的流动人口也能通过种植经验的分享找到归属感。

项目所在地居民情况调查：**常见人口大约25人。**

66、74号院：王家。明朝永乐年间迁居这里，至今400余年，迄今已是22代传人。

72号院：1.一家公司。

2.佟阿姨，母子二人。居住面积10㎡，在此居住10年。爱种花草。

76号院：1.魏家：祖孙三代。居住20余年。爷爷爱种瓜菜。

2.罗姐：临时流动居民，保安公司厨娘，喜欢花草。

3.保安宿舍、食堂。13㎡，保安小赵平时喜欢养花。

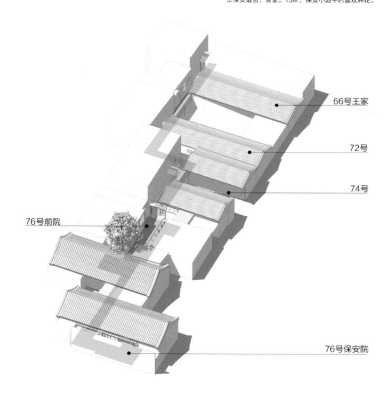

66号王家

72号

74号

76号前院

76号保安院

Residents' information of the existing lane way

花草堂项目所在地居民情况调查

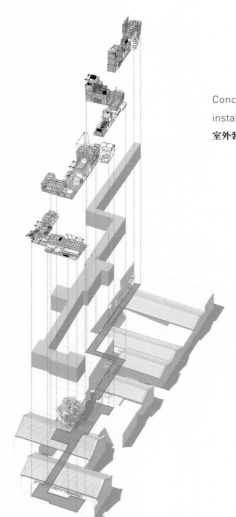

Concept generation diagram of outdoor exhibition
installation-"HOME · Communal Garden"
室外装置《安住—平民花园》概念生成

此次展览中，该项目分为两个部分展出。室内展览内容为多媒体视频，展现我们近年来在老旧街区改造计划中采集整理的杨梅竹斜街的日常街景，以及该街66-76号院夹道居民的衣食住行；展示我们对社区营造的思考与解决方案以及胡同花草堂的产生过程。室外装置——平民花园是由北京老旧街区中随处可见的废弃物组合而成的花池，意在反映老旧街区居民们的生存状态：无奈+希望。装置是我们用胡同居民的日用废弃物，依据杨梅竹斜街66-76号院夹道的平面图搭建而成的"实体"夹道。这些关乎人住日用的弃物无不承载过美好的心念，读取这些弃物中储存的信息使我们与之产生了共振，并以这种方式讲述夹道里的故事。装置中的多媒体视频展示的是夹道中对应的五户居民们的日常生活状态，以及围绕"花草堂"的营造而展开的公共活动直播，以此阐述我们的设计理念，即通过花草堂的营造，使居住于此的五户居民能够在养花、种菜等共同活动中相互交流，彼此尊重，创造社区共享价值的理念。

这是一个在六个月的展期中不断生长变化的装置，其间参观者可以通过参与播种、种植与果实分享等活动来体验人与人之间的互动。

项目参与人员：

张琦　周欣萌　雷旭华　王欣　李萍　张婷　张元　欧阳煜　王翔　吴悦
邹雪梅　高博翰　杨灏　冀萧曼　鹿璐　李薇　陈一峰　杨晓东　赵屹

Master plan of "HOME·Communal Garden" outdoor installation.

室外装置《安住—平民花园》平面图

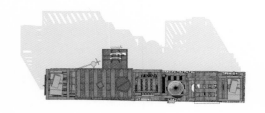

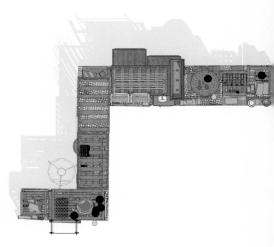

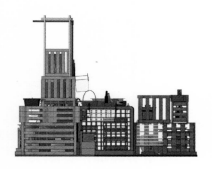

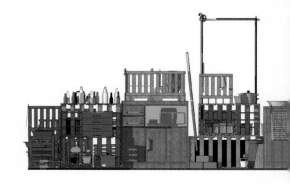

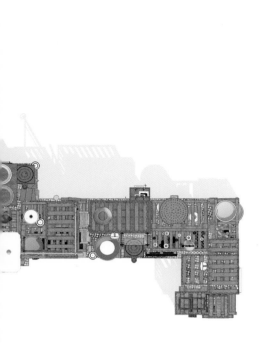

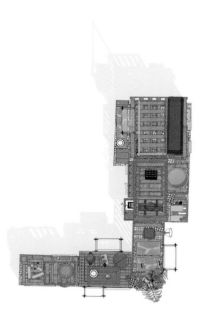

Main elevation of "HOME·Communal Garden" outdoor installation.

室外装置《安住—平民花园》立面图

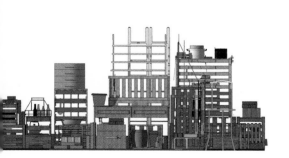

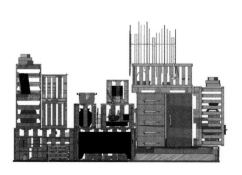

黄海涛

本次参展作品的缘起

这次参展作品是为阐述与介绍北京大栅栏片区杨梅竹斜街66-76号夹道改造而做的大型综合装置。作品名为"安住—平民花园",由现成品、植物种植与多媒体现场直播等方式组成。展览开幕时开始播种,展览期间花草与果蔬植物的生长与采集将会使装置成为一个处在不断缓慢变化中的作品。北京大栅栏片区杨梅竹斜街66-76号夹道改造是无界景观团队于2015年春末受邀参加的一个跨界公益项目。在考察了几个待选项目地点之后,我们选择了66-76号夹道。这是一个经历了五个朝代,在数百年间由各种自由"生长"的建筑挤压而成的、总长度66米、由五户人家共用的穿行空间。最窄处仅一米,堆满了废弃物,现状脏乱破败。使用夹道的常住人口大约在20人左右,其中最老的居民至今已经是第二十二代,最新的居民来自这里的一个保安宿舍,流动性很大。这个项目使我们必须最近距离地接触这里几乎每一位居民,了解他们的日常生活状况、规律、诉求与愿望。在对居民的调研接触中我们感受最深的是情绪焦虑(这一点和在"主流社会"中打拼的"精英们"很相似),每个人最关心的是打听新政策,计算去留,总之很"挣扎"。在这样的现实下如何以设计介入到这里的社区改造中来?这个近乎被遗忘的社区是否有复兴的可能?如何为社区建立与主流生活以及未来的链接?调研的结果显示似乎种植是可以使邻里们共同积极打开各自门户,介入到共享公共空间改造中的有效链接手段,是可以满足20户居民诉求的"最大公约数"。所以无界景观的主持人谢晓英据此提出了《共享花草堂》的构想：1.以建立共享花草堂为社区营造的介入点。2.以建立花草堂为契机构建社区共享价值：辅导居民通过种植建立可持续盈利模式，使居民进而组成经济共同体。3.治愈作用：缓解居民居住衰败社区中的焦虑感，为常住和流动人口建立共同的心理坐标，重塑居民的尊严与幸福感，使每个人通过种植获得对社区的归属感。谢晓英是优秀的景观设计师，对于人的行为观察与研究常常是她介入项目的前提，在如何通过景观设计疏导与缓解使用者心理压力的实践中作出过很多智慧的解决方案。我个人很认同贯穿于她设计之中的人文关怀以及治愈感。她在这个项目初期提出过设计师做"隐形人"，即设计师自我节制，不以头脑风暴式的假想和预设进行"专业入侵"。设计的过程在某种意义上是设计者自省与自我觉醒的过程，特别感谢北京大栅栏片区杨梅竹斜街66-76号夹道的五户居民慷慨地开门接纳我们。

室外参展作品《安住—平民花园》作品以及观念的成因

我们在这届双年展的参展作品《安住—平民花园》是一个综合装置，形式上为一个由现成品组搭而成的"夹道"，是严格按照北京大栅栏片区杨梅竹斜街66-76号夹道平面按比例生成的"实体"。我们在构思阶段将形成夹道的实体建筑隐去，将原本虚空的夹道"实体化"，目的是希望参观者可以更感性地、尽可能用身体感知并参与到这个夹道的意象中来。

The installation at the beginning of exhibition.

室外装置《安住—平民花园》开展时效果图

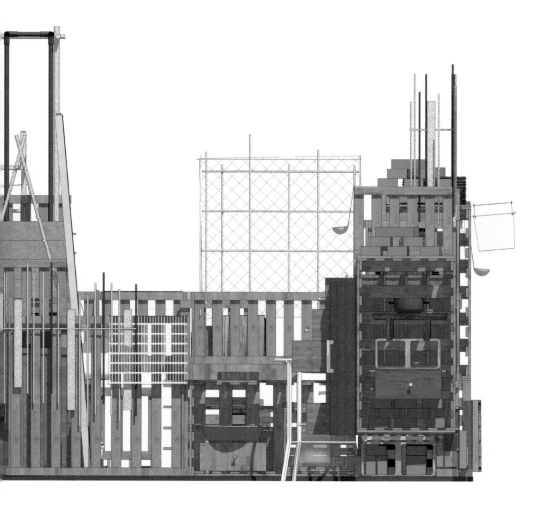

衰败社区中几乎每家户外都有用淘汰的日用废弃物搭建而成的花池，几乎都让人着迷。所谓方寸之中，自有世界。每一个花池都自然展现出每家每户的私密生活经验。各种不同时代的废弃物混搭在一起如同蒙太奇一样在讲述各自不同的情节剧。我们把所能收集到的花池集合到一起，以期形成共同生活经验与愿望的交响。

在展览现场我们也期待观众通过在作品中播种与收获的行动与作品发生关联与共振，体验平民日常生活的仪式感。

在收集旧器物的过程中我们清晰地感受到器物的"断代"，例如陶瓦搪瓷时代（再之前的都已经进入了收藏领域），铁铝制品时代，塑料制品时代以及当下流行的各种不锈钢制品。这些废弃的日用器物已不配再登堂入室，但依然辐射出曾经的生活欲望与智慧。我们将在这些被丢弃的器皿中播种，是希望看到曾经事关安住的各种美愿能够在衰败的社区中重生绽放。期待所有的人能将自己的善念植入这个作品，激活与分享美好的安居经验。愿善念相续。

你参加过的工作案例

2013年我曾作为志愿者在肯尼亚的 Masaai Mara部落参加过一个为当地小学生建造房屋的公益项目。这不是一个单纯的公益活动，而是由加州的朋友张梅在硅谷发起的持续性公益项目之一。她为改变一个地区现状所作出的长远可行、兼顾到各方利益的实践计划非常吸引我。为在有限的条件下最大化发挥个人的能力，她通过在不同的社区文化间建立联系来保障计划的可行性。

首先她选择了两个明确的目标切入点：

1.给小学生建宿舍，培养卫生习惯。卫生习惯的培养可以有效降低儿童死亡率。

2.募集资金帮助女孩子上初中。因为读书可以使她们避免幼龄嫁人的命运。此外，一个受过初中教育的母亲可以有效地影响辐射到下一代。

具体的工作方式大致分成以下两个方面：

1.盖房。由一位建筑师负责规划一切关于建造的技术环节，给出必需的技术框架，然后退到幕后，由志愿者在"前台"完成"填空"的工作。志愿者在工作中基本不会遇到无解的技术困难。每一批团队"空降"来完成一个任务，比如泥瓦、门窗、上梁封顶、制作桌椅家具等等。技术的保障让项目变得愉悦可行，基本上每个参加者都会爆发出额外的能量。

2.在硅谷成立一个基金会，募集资金并分期招募志愿者。每一期都有明确的工作目标、相关专业人员招募和目标资金。通过在美募捐与在Mara盖房子结合，把硅谷高科技公司的**Professional Communities** 和**Masaai Community in Kenya链接起来**，使这个项目成为一个永久可持续的项目。

此外，如何让志愿者最大程度地在服务当地的同时得到个人回报？志愿者不是骑士和圣徒，去"落后地区工作"既不是为了做文化入侵也非自我牺牲。每位参与者都有各自参加的理由。建造过程在这里更像是一个自省，觉醒甚至是自我"治愈"的过程。每个人都通过劳作得以Restarted 。Masaai Mara是原始部落，没有现代社会中的细致分工，使得我们能够在原始条件下用自己的肢体去体验建造原本的意义。由于在原始的环境下我们不再强势，不再是绝对的主宰，因此得以用新的尺度衡量自己。

对本次参展主题的看法

本届双年展的主题为"来自前线的报告"。策展人Alejandro Aravena在策展宣言中声称"**改善社会环境和人们的生活质量**"是我们必须赢得的一场"**战争**"。在激进的宣言中我们其实看到他对建筑的社会与人类学意义的拓展与一种空前的开放与和谐。

关于本届双年展中国馆，我想再重复策展人梁井宇先生策展概述第一段的文字："我们是凡人，不免犯错。其中一个就是迷信'未来'。我们以为未来可以纠正'过去'犯下的错误；我们因有限的能力和无限的欲望而对'现实'报以不满，盼望未来赋予我们更多的力量与资源，生活因此才能变得更加美好。我们不断寻找一个新的未来替代不完美的过去。未来也许可以暂时替代'过去'，但是却不一定'持久'。因为现实总是选择那些经过时间考验，可以持久的东西。"

2008年后我参与了一个少数民族非物质文化遗产的采集与整理项目，实际触摸我们强势或者说主流文化之外的"存在选项"。梳理非物质文化遗产的过去、现状与未来的过程在某种意义上是一个筛选的过程。

记得曾在贵州的一个私人博物馆见到过一套非常耀眼的苗族绣衣，几乎是黑白两色的，第一眼看去脑中反应出的是"死亡哥特"风格，几乎就是当代流行设计。主人解释说这套绣服曾经是清朝的随葬品，出土后因接触空气导致绣线上的颜料很快氧化消失了。这件事情有趣地演示了时间的"过滤"功能，使人联想到过程与恒常，或者说道与术的含义。何为我们曾经的、但最终被我们淘汰和遗忘的选项？什么是需要被我们审视与重新激活的根本智慧？在同一个馆里还看到一套苗族礼服的照片，还有一个有趣的故事。礼服属于一位苗寨老太太，是用很复杂的破线绣法（将一根棉线劈成十几根）由四代女人用经过很多年的时间断续绣成的。当年民族宫的人曾下乡找她收购，老太太说（大意）：

"同志们给的钱真多啊，不过不能卖啊"。数年后同志们再去找老太太看衣裳的时候被告知老人家已经去世，穿着这套衣裳下葬去向她的祖先们述职去了。我们可以很容易站在主流文化的立场上得出这是巫文化等等等等的结论。这其中的如何究竟不是我能破解的。但是老人家心安理得的态度和她最终的仪式是让人极其动心的。我们似乎能在这个故事里窥见逃离时间控制的法门。

梁井宇先生的策展主题是**"平民设计，日用即道.不能忽视的前线"**。他在宣言中指出**"我们大后方的失守"**这一现实。个人经验让我对这个主题有直觉的认同。

如果不解决根本智慧的问题，那我们的一切努力，一切的建造也只是在自掘坟墓而已。很高兴可以参加一届松弛和自信的双年展。

谢晓英、童岩

目前关注及研究方向

与建筑设计相比，景观设计可能更多地涉及开放的公共空间。从小尺度的城市广场、街心花园、住区绿化到大尺度的公园、风景旅游区自然保护区等，这些项目不仅与城市建设、文化建设、旅游经济等相关，也与普通人的日常生活相关。因此，景观设计会涉及到更多的与公共性相关的社会问题。在多年的设计实践中，我们既有成功的案例，也有许多值得反思的问题，这些问题促使我们开始思考与研究当代中国社会转型期中所产生的各种社会与文化现象。例如，在早期的城市公园或广场设计中，无论从形式到功能，我们基本是参照西方发达国家的城市公共空间的设计模式。但是在公园或广场建成几年后，我们注意到：某些设计师主观设想的广场功能并没有实现，反倒是一些意料之外的现象影响了广场的形式，比如说"广场舞"以及广场上或公园里市民们的一些自娱活动。这一近些年来饱受争议的现象在中国各大中小城市普遍存在。我们可以不喜欢它，但不可否认的是：它是一种在中国特定的历史时期，表现在特定人群中的社会与文化现象。这种"广场现象"既不同于拉美国家的狂欢节，更不同于西方国家的公共广场——现代民主的起源地，而是一种纯粹的，在地化的"中国现象"。与西方的公共性（Publicity）概念相比较，这种特殊现象更具共同性或集体性（Communality）。因此，超越对公共空间设计的普遍性认识，发现与研究因时、因地的特殊性是我们目前与今后的研究方向之一。

对此次建筑双年展主题的看法

这次的展览主题"来自前线的报告"，从题目到内容看都非常激进。尤其令人印象深刻的是那些在中文语境中读起来非常刺眼的用词如战争、战场、前线等。这种看似欧洲左翼的表述方式在1990年之后已经不多见了，尤其是在建筑领域内。这一激进的姿态既与Alejandro Aravena的个人背景和观点主张相关，也与冷战结束后的全球化扩张中发展中国家的现实境况有关。在包括中国在内的发展中国家里，经济繁荣的背后是社会阶层分化与贫富差距的扩大，而这一现象最直观的体现就是建筑与人居环境。Alejandro Aravena在此次策展陈述中对新自由主义、个人主义意识形态的批判，以及对平等、集体等那些我们曾经熟悉的概念的张扬都反映了作为建筑师的策展人所思考与关注的焦点并不在建筑本身，而是如何以建筑为工具去解决非建筑的问题，也即在建筑设计、城市设计、景观设计等之外的社会问题。正如他不久前在上海接受的一次访谈中所说的：当建筑师开始关心社会的时候，他们就开始不在乎做一些"差建筑"，甚至不把自己当成建筑师。用设计作为工具，来解决设计以外的事情，因为"设计"在设计之外会更有力量。

在建筑设计、景观设计越趋时尚化、艺术化、奇观化，设计师越趋明星化，而普遍的人居环境越趋工业化、边缘化的当下，这种反思对中国的设计者们来说无疑是一种警醒。

对此次中国馆主题"平民设计，日用即道"的看法

我们对"日用即道"的理解是：日用乃日常之习性，乃日常生活之外化；"道"乃真理，乃生活意义之所在，乃终极目的。这既是中国传统思想的一个组成部分，也是普通百姓对生活的信念。

在参与由梁井宇先生主持的"大栅栏杨梅竹斜街改造项目"过程中，我们始终坚持着这一理念。但是，现实逻辑也使整个改造计划充满了矛盾与悖论。这是一个由政府主导，由投资公司运作的商业项目，包括居民搬迁、违章建筑拆除、街道铺装与建筑立面改造等。这里就涉及到了资本运营与操作的问题。按照资本的逻辑：效益即道，增殖即道。那么，生活于这条街道中的居民们的日常生活如何产生效益？何以增殖？答案似乎只有两个选项：搬迁，或改变自身的日常生活的方式，以适应资本增殖的需要，即日常生活不再是自身的目的，而是作为实现他者目的的手段；日常生活仅仅是一种被重新编码的"胡同生活"的展示。日常不存，日用何为？道将焉附？正像一位街道居民所感叹的："这个街道现在变成文化街了，和我的生活没有什么关系了"。

尽管我们深知当今世界上资本无往而不胜的道理，但是，在整个街道改造过程中我们仍然坚守着那一初衷——为平民设计，使改造工程能够最大限度地适合当地居民们的日常生活。如果把这里比喻作"前线"，那么，我们所做的就是以日常生活之道VS资本所营造的奇观社会。

作品观念形成的来由与成因

此次参展的项目"花草堂"是我们设计团队自杨梅竹斜街改造项目完成后的一次延伸设计。改造前的杨梅竹斜街绿化环境很差，几乎没有乔木类植物，因此，我们在环境改造设计中加建了街道与居民房屋衔接的花池，种植许多观赏花灌木，以增加街道的绿化量。但是所有这些出于美化环境目的的举措并没有受到多数居民的支持。根据施工记录：施工完成后，花池内种植的植物需要经常补植更换，原因是这些植物经常性地被居民挖走或破坏，部分花池中甚至被居民栽种了自家的食用类植物如小葱、丝瓜、豆角，以及可出售的葫芦等。除此之外，根据市政绿化单位的报告，每年举办各种公共活动期间摆放的各类观赏盆花有20%被当地居民搬回自家。

这一现象引发了我们对公共空间、公共秩序等一系列问题的再思考。我们没有将上述这些现象的成因简单地归结为国民素质的问题或公共道德的缺失，而是通过实地调查与分析，从社会学的视角对这些现象背后的特定社会情境与特定人群之间的社会关系进行研究。研究的结果不仅使我们对那些社会底层民众的生存境遇有所体悟，也改变了我们对设计的一贯理念，即设计应该去适应设计的对象而不是改变；设计不应以普遍的形式强加于那些哪怕看似丑陋的特殊对象，这种对异质性的恐惧与排斥恰恰是设计同质化的根源。正是基于这种观念，我们于2015年开始了"花草堂"建设的实验。

未来计划

夹道"花草堂"作为一次社会实验性项目不可能在短期内获得实质性的结果，需要长期的参与和关注。因此，我们更倾向于称它为项目策划报告而不是作品。确切地讲，所展出的装置物与视频仅仅是我们对这个项目的某些意向与前期调研的结果，这一项目真正的启动是和展览同步的，并在展览结束后继续进行，可能会持续多年。与严格意思上的"项目报告"相比，我们的"报告"更像是某个事件进程的"报道"，因为它还没有最终的结果。我们更注重项目的过程，以及在实施过程中所产生的问题。我们也没有期盼所有的问题都能够通过设计得到解决，因为，社会问题的最终解决需要的是制度性保障，设计在社会建构中所能做的只是在微观层面上，在那些钢性规则不可规约的层面上起到某种协调的作用。

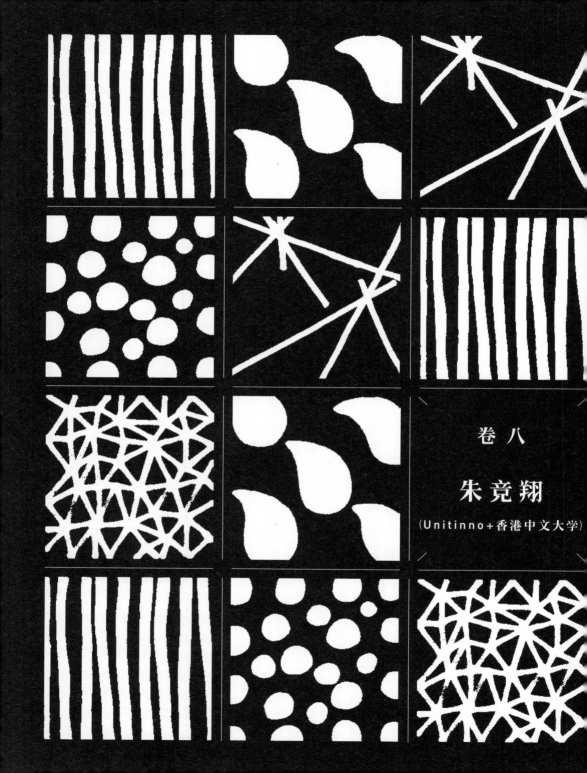

卷 八

朱 竞 翔

（Unitinno+香港中文大学）

ZHU Jingxiang

Born in Jiangsu Province, China in 1972.

ZHU Jingxiang, one of the best Chinese contemporary architects, is also believed to be a most influential innovator on building systems. Since 2008, he invented a series of innovative light-weight systems and applied them to post-disaster reconstruction projects and sustainable development in Chinese remote provinces and Africa.

He is currently the Associate professor in School of Architecture of Chinese University of Hong Kong.

Lives and works in Hongkong.

朱竞翔

1972年生于江苏省。

中国当代最杰出的建筑师之一，在建筑系统领域也被认为是最具影响力的创新者。自2008年以来，他研发了一系列轻型房屋系统，并在中国偏远省份以及非洲的灾后重建及持续发展项目中应用。

现居住于香港，是香港中文大学建筑学院副教授。

Dou Pavilion

"Dou pavilion" originated from "Checkered Playroom". It's a building designed by Professor ZHU Jingxiang and his team from School of Architecture of the Chinese University of Hong Kong, used for supporting preschool education in China's remote rural areas. Modifications of the design adapt it to the European summer climate and Biennale exhibition, as well as international shipping regulations.

In 2015, 10 Checkered Playrooms were erected in ten different villages of Huining County, Gansu province of northwestern China, to offer basic preschool education for more than 1000 2-6 years old children. Joint forces include Bazaar Charity Fund and Western Sunshine Fund from Beijing, Shenzhen Unitinno Architecture Technology Development Corporation and Xiping Jiahe Module Housing Manufacturing Corporation. These playrooms are operated and managed by local primary schools and the staff of the donating NGOs. The area of each playroom ranges from 40 to 70 square meters, with good thermal comfort performance. The playroom introduces games that normally take place outdoors into the interior space, provides children with a free space, and also inspires parents, guardians, teachers and volunteers to participate games and organize programs.

Checkered patterns that form the playroom associate it with its environment and surroundings: either wheat fields or divisions inside a village. 2-dimensional checkered pattern can be found in many traditional games, while a spatial pattern with deep concave spaces brings another level of

Playing in the Kindergarten in
Shequ Village
西部阳光乡村幼儿园室内游乐

physicality into children's environment. An individual convex square is similar to a historical measuring tool: Chinese peck ("斗" in Chinese). When the word "dou" is used as a verb, it also indicates the way wooden pieces were interlocked to form a smart structure, our pursuit of the "Checkered Playroom". Flexible components are prepared for kids. When they are turned over, the uneven "ground" will be flattened. Components can also be positioned to form "bridge", "pathway" or even "landscape".

When vertical checkered cavities contain books or sunlight, the playroom becomes a treasure box of sensations. Such a design intends to promote kids to exercise their body inside a building during their age of growth, a period in which they are willing to explore inside and outside, difference between high and low, and to challenge themselves on a slope stair and different levels. Kids can discover hidden corners, where they can create their own worlds and stories. By moving this critical process of coordination of muscle and sensory organs to an interior space, the psychological pressure of parents during this period may be relaxed.

The generic design of the product can be adapted to specific needs of various charity groups, or local climate and context. The roofing material usually utilizes locally manufactured clay tiles. A thin wall with depth endows the impression of protection. Structure Insulation Panel (SIP) enhances thermal performance for the cold climate. A door and small openings control the heat and air exchange. However, the Venice pavilion uses more open surfaces and curtains to adapt to warm summer climate.

The construction components form the building as well as the furniture. Natural day lighting change and surrounding scenery work together, the minimalistic interior is full of vitality and sense of space.

Since most of countryside villages in China are affected by rapid urbanization and losing their young working people, counter measures were conceived and packed as follows: the product is manufactured by an emerging factory first but the knowhow can be transferred to near-site carpentry workshop. The building process is close to giant furniture assembly. Simple foundation without the use concrete elevates the building above the freezing ground. It is easy to be moved, or reshaped. Step by step instructions and training helped local workers and the NGO staff to complete the assembly and maintenance by themselves.

Rural and preschool education, are the most neglected parts in education systems of developing areas. China is not an exception to this. Comprehensive considerations in the design process on kindergarten functionality, children behavior, human development, and resource utilization result in a product with high degree of integration between structure, space and furniture. Careful management and monitoring during prefabrication, transportation and construction guarantee affordable innovation. The 10 completed Checkered Playroom projects, plus the upcoming 20 playrooms in 2016, will help the charity groups to establish a network of activity centers in scattered villages, and to develop creative education programs for rural children.

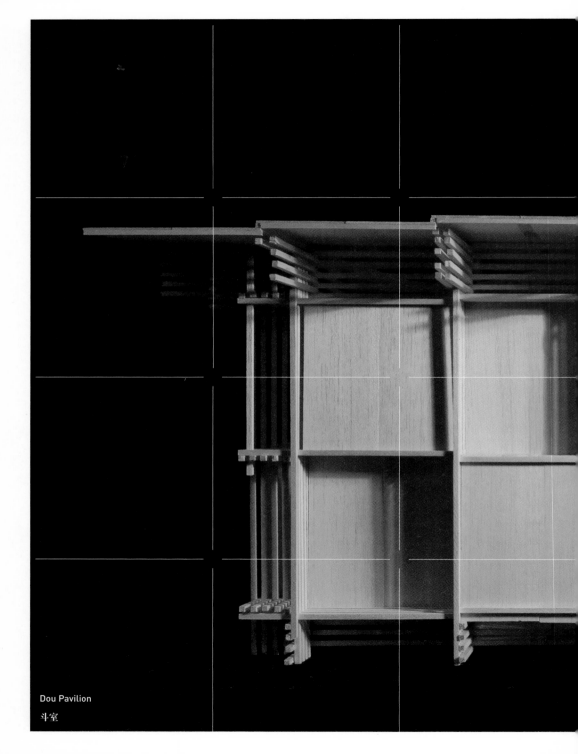

Dou Pavilion

斗室

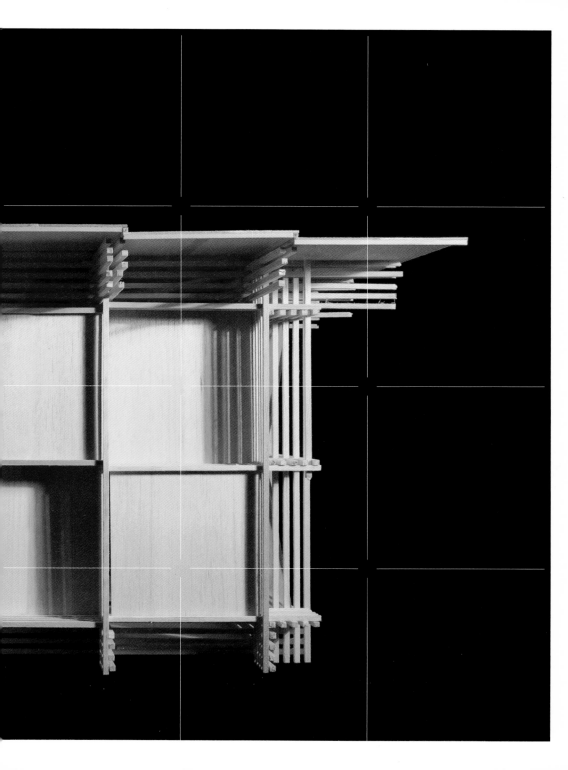

斗室

"斗室"是由朱竞翔教授领导的香港中文大学建筑学院团队设计建造，为中国偏远乡村学前教育开发的房屋产品。在来到威尼斯之前，朱教授还专门设计了一些能够适应欧洲的夏季气候、跨国海运及开幕演出的产品。

2015年中国甘肃省会宁县的偏远乡村建成了十座学前教育教室，可容纳该区域千余名学龄前儿童。此项目由北京的时尚芭莎与西部阳光农村发展基金会投资，深圳元远建筑科技服务有限公司与西平县嘉合集成模块房屋有限公司统筹制造，并由地方小学与教育基金会联合运营管理。每个教室都进行了完善的保温隔热处理，面积从40至70平方米不等。这些房屋将原本发生于户外的空间探索游戏引入建筑内部，既还给孩子探索的自由，也鼓励家长、监护者、志愿者的共同参与。

房屋采用了基本的格子形状组织，暗示着村庄周围的田地或是城镇的街区空间。格子有高低凹凸，能够变化出无穷的游戏。灵活组件邀请儿童重塑大地表面的"建筑"或者"风景"。当组件翻转使用时，地形会变得平坦，"沟壑"之上也可以形成桥梁。在幼儿逐步学会使用身体，把自身跟现有世界结合的空间敏感期，他们喜欢有高低差别的空间，乐于探索建筑的里里外外。狭小的空间、斜坡与楼梯会激励幼儿通过运动来促进肌肉与感官的协调。这个自我创造的过程因为常常需要突破极限，而给家长造成危机感。在房屋的不同角落里，孩童可以创造自己的世界以及其中的故事。获得无处不在的角落，同样成了充满凹凸的垂直墙体的设计诱因。当上层的格档被有趣的图书充满，阳光经过墙身及天花板上的凹凸进入房间，这片小游乐场也成为召唤儿童的感官宝藏。

"斗室"的可变性帮助基金会根据当地气候、使用场地及习俗作出适应性调整。由于乡村持续受到人口迁徙的影响，因此幼儿教室设计成为易于搬迁与改变的形态：悬浮于地上的基础处理、易于由木工作坊进行的加工、大型家具般的安装方式以及结合实施的培训，帮助地方工匠与基金会员工在设计团队远离后，仍可维护、移动、重置幼儿教室，或者继续使用组件与材料。

城镇中的幼儿教室将家具与行为当成建筑的有机组成部分，更多的用具也可安装于内。结构保温板材用以提升寒冷地区房屋的热物理性能，轻薄墙身由于凹凸获得了强烈的防卫感。屋顶通常采用当地的粘土烧制瓦材来建造，以融入乡村肌理。亚热带地区则使用栅格以增强通风。对望的门扇及小开口将控制空气的流通。威尼斯的展亭使用了更多格栅与帘幕来适应干热气候。光与影带来轮廓、印象以及场所的灵魂。自然的光线运动和四邻风景一起，使得简约的室内充满生机。

农村与偏远地区的教育，以及儿童学前教育，可以说是许多发展中地区教育的短板，这在中国也不例外。而学前教育教室项目，还将有约三十座在等待兴建，由于设计融合了气候、结构、家具、用具、制造、建造、运输、维修的多重考虑，因而帮助聚焦于中国西部农村教育的公益机构，探索在分散的偏远乡村建立村级学前活动中心的方法，并发展了针对2~6岁儿童的创新性学前教育路径和管理模式，从而达成了以设计创新学前教育的初心。

overall exterior view, Kindergarten in
Shequ Village
西部阳光乡村幼儿园外观

the stair and corridor to the upper
floor enclose a small green courtyard,
Meishui CHAN Bik Ha School
通往二层的室外楼梯围出一片小的绿化
庭院, 美水陈碧霞小学。

corner view of the Dazu New Bud Study Hall on the stone base.

从角部看毛石基座上的达祖小学新芽学堂

the school playground is surrounded by the new and old buildings as well as the long passage., Meishui CHAN Bik Ha School

新旧建筑以及长长的坡道围合出校园院落, 美水陈碧霞小学

overall exterior view,Yunus China Center Xuzhou Grameen Bank

格莱珉银行中国徐州陆口支行外观

overall exterior view of MCEDO Beijing School

MCEDO北京小学外观

朱竞翔

目前关注及研究方向

空间与结构的新型关系，轻量建筑系统，可负担得起的高性能建筑产品，通过设计整合工商与社会资源。

作品观念形成的来由与成因

由于建筑是一项复杂的集体事务，作者因而倾向于将设计注意力集中在一种逻辑、理性的工作方法上，而将"造型与审美"的传统放在后位考量。

只有在材料、结构、建造等子系统都成立的前提下，作为结果的建筑形态才传递工程与建造的力量，呈现设计团队贯彻其间的空间意图或者行为引导。

这虽不是广为接受的方法，但建筑自身极易导致不兼容性的复杂，一直呼唤着具有清晰的操作性、组织性与可追溯的方法。当建成物受到建造者与工程设计人员的真心支持，获得用户的多角度好评，方法论级别的价值便能得到明证。

早年较长的地方工作经验帮助作者看清并理解中国大陆复杂而真实的现实：建筑与城镇都处在现代化进程的显要位置，但研究的匮乏与急躁的拿来主义，不断地破坏传统的延续，也迟滞了扎根本地的更新。只有持续的教育与研究、再加上深入产业链条内部进行开发与组织，才能有效抵抗这一世俗潮流。

作者曾在多间大学学习、教学与研究，这些经历提供了各类知识储备，特别是确立了对结构工作、空间组织、建筑物理以及聚落早期发展的强烈兴趣。2004

年以来作者在香港的工作提供了组织协作团队与开发产品的技巧。当这些背景受到5·12汶川地震这样巨大灾难的刺激，作者的轻量建筑实践、建筑系统的系列开发工作便开始向外显现了。

通过一系列应用实践、研究与实验，作者持续地向学术界报告：前线在哪里？前线有哪些问题？团队也尝试强调这样一些观点：结构应被当作一个整体来看待；轻质高强来自于复合工作的部件；策略优先于计算；形态不是生造出的，而是发展得来的，它尤其受到材料与建造方式的影响；找寻问题、界定问题方能解决问题。

日常研究方法与工作方法

建筑系统层级的工作可以被延伸为一种"方法的设计"。即从联合体必需的组织要素入手，去解决主要的、也将是普遍的问题。在"系统先行"的设计中，系统中的变量将先于具体项目而确立。体系中的固定要素来自于生产流程，它包括设计—采购—生产—运输—组装等关键步骤。因此建筑产品具体的形式，实际上可以由这些节点之中的限制因素来决定。

这一方法追求可操作性和可追溯性，它使得"方法"也成为"语言"或"历史"，每一次的设计工作在重复方法的同时，也在澄清流程并且积累变量，还协调着所有的合作者。这一方法适于迭代式发展，能帮助建造系统获得造价、速度、性能以及可复制性等方面的诸多性能。

在具体项目中，建筑师需要找到决定系统变量的关键影响因子，从而推导出形态与空间成果。这种方法也对成果的"偶然性"持开放态度，对系统变量的把握成为建筑师呈现"专业性"和"经验度"的机会。在一个建造系统的基础上，建筑师也通过一个具体的问题，来做出"合适"的判断。即使场地条件、结构选择相似，建筑师也可以提出不同的问题，再得到不同的答案。中国古代成熟的木构建筑，正具有这样的特色。而应对中国幅员广阔、差异巨大的地区需求，系统先行的方法具备巨大的优势。

具体事例或工作案例

四川大地震后，大学科研背景让作者很快得到"龙的文化"慈善基金会的资助。在比较短的时间内，团队以非常高效的方式完成了震区两间小学的建设。这两座学校建筑有着非常清晰的建构——墙面、屋面均由模块化的预制部件组成，布局规则。但走近观察，人们会体察到校园人性化的另一面，比如教室墙面的开窗大小、数量、位置都十分讲究，它们既考虑到了均匀室内照度、幅射得热、儿童使用中的可操作性，还具有很高的趣味性。一间学校教室外有围廊式的灰空间，充分考虑了雨季学生课余活动。这些品质是简单的工业生产无法提供的。它们是设计带来的增值，并塑造了场所。这一复合受力机制的新芽系统之后作者团队还提供了两座四川保护区生态工作基站、一座江苏乡村银行以及一座山东旅游客栈，显示了广泛的适应性。

2014年，中国驻肯尼亚经贸协会在内罗毕贫民区中斥资援建一所贫民区小学，作者团队在这个设计中采用了一种更加新颖的箱式体系。由于预制系统在这一项目中面临高昂的海运成本，如何在装箱体积上减少浪费成为一个重要的设计议题。经过研究，这个项目中采用了异性可折叠柱，箱型系统单元可以先折叠压缩，再拉伸展开，从而达到高效运输、轻易建造的目标。它成为内罗毕当时的热门话题。

参展作品"斗室"源自团队2015年为中国偏远乡村开发的学前教育教室。它已兴建了十座，其设计融合了气候、结构、家具、用具、制造、建造、运输、维修的多重考虑，帮助了公益机构，探索在偏远乡村建立村级学前活动网络的方法，并发展了针对2~6岁儿童的创新性学前教育路径和管理模式。而在来到威尼斯之前，一些新的设计帮助它适应欧洲的夏季气候、跨国海运以及开幕演出。

对参展主题的看法

建筑作为最古老的人类活动，从现实向可能追溯，其实拥有多重的前线：工地上、道路上、工厂里、实验室中、电脑上、以及大脑皮层下。前线意味着鏖战与混乱，意味着力量与冲突，出现在前线的应该是必需品。这里往往也需要最有想像力的"武器"，以及最可靠的伙伴、战友。展览汇聚了来自全球各地前线的"敌情"、战报与回忆，让人们珍惜美好一刻的不易与宝贵。

未来计划

通过设计联系工商与社会资源，深入产业链条内部进行工具、产品开发与组织。以规模订制将少数人享有的设计带给大众，带给有需要的人们。

卷 九

左 靖

ZUO Jing

Born in Anhui Province, in 1970

ZUO Jing, an independent curator, voice and practitioner for China's rural reconstruction, and the Editor-in-Chief of *Bi Shan* Mook. During the past decade, Zuo has curated a number of contemporary art exhibitions in China and overseas. In recent years, Zuo has shifted the focus of his work to rural reconstruction, including research and publication on traditional crafts, protection and revitalization of ancient architecture, as well as re-invigoration of public cultural life in rural areas. He is now working at the Rural Reform and Development Institute, Anhui University.

左靖

1970年生于安徽。策展人，乡村建设者，《碧山》杂志书主编。曾经在国内外策划过多场当代艺术展览。近年来，工作的重点转向在地的乡村建设，包括整理出版当地民间工艺、古建筑保护和再生利用、复兴乡村公共文化生活等等。现供职于安徽大学。

Crafts in Yixian County

Yixian County in Anhui Province used to be one of the six counties under the administration of the ancient Huizhou State (in ancient China, "state" was an administrative division equivalent to today's prefecture). Doggerel speaks for the distinctive geomorphic features of this area: Mountain covers seven-tenths of the land, river covers one-tenth, farmland covers one-tenth, road and house cover the last one-tenth. As farmland occupies such a small portion, during the past, even in harvest years, grains had to be imported into this area from Jiangxi province and other nearby places. Therefore, incomes generated from the secondary industry become indispensable for the villagers in Yixian County. Similar to other places in China's southern areas, Yixian County has relatively developed craft industry. Needless to mention the most renowned techniques of building ancient architecture, the exquisite wood carving, stone carving and brick carving, a number of other local handicrafts, such as bamboo weaving, hand-made textile, farm tools production, are also known to all. There is an old proverb in Yixian County: If ever you have to sell something to make a living, sell your farmland, but not your handicraft, which indicates the significance of handicrafts for local villagers in their economic life. For example, in some villages in Hongxing Township, located in the north of Yixian County, for many years, the production of hand-weaving bamboo hats has been an important sideline business for the local families. In early 1950s, this particular sideline business was one of the primary sources of incomes for the whole village. In 1960s, one village was short of money to set up a local school. Therefore, the adults in the village cut the bamboo strips during their spare time while the kids wove the hats after school. Finally, all the hand-weaving bamboo hats were sold to raise money for the new school.

However, during the past 50 years, with the deepening of industrialization, as well as the invasion of low-cost manufactured products, a large number of crafts vanished. For instance, chemical fiber products have replaced ropes, brushes, raincoats and other products made of palm fiber. Therefore, craftsmen good at palm fiber manufacturing techniques are disappearing. While cement replaced soil as the material of the ground of grain-basking field, people no longer use bamboo mats to place the grain. Craftsmen in bamboo-weaving business then have fewer and fewer customers. Besides, the heavy use of plastic bags has resulted in a sharp decline in the use of sacks. The traditional techniques of hemp weaving, which has been handed down from the Yuan Dynasty (AD 1271-1368) , are now in danger of dying out. The weaving tools have been abandoned, or they are just occasionally used for folklore performance.

From July 2011 to January 2014, ZUO Jing led a group of students from Anhui University to walk around all the townships and towns in Yixian County, Anhui

Province to carry out a research on traditional crafts. After a dozen of field trips, they found a total of 90 different kinds of local crafts in the county. As a conclusion of the research, *Crafts in Yixian County* was published in June 2014. The book reveals not only the diverse techniques of traditional crafts, but also the relationships between the craftsmen, the area and the tradition. From this perspective, the book presents readers the scenes of rural life in Huizhou region. In addition to keeping an archive for traditional crafts, the research also aims to create a platform where craftsmen, designers and artists could collaborate with each other, and further revitalize the cultural heritage in shared efforts. The book has a special supplement, using distinctive hand-made paper and wooden movable-type printing techniques.

The series of works for the research project includes two publications, *Crafts in Yixian County*, and *Crafts in Yixian County-Supplement* (scroll using traditional wooden movable-type printing techniques); one short film, The Birth of *Crafts in Yixian County-Supplement*; and a batch of original blocks for wooden movable-type printing.

Project Team

Curator: ZUO Jing
Director: GUI Shuzhong
Designer: YANG Tao
Wooden Movable-Type Printing Craftsmen: QIU Hengyong, WU Songgen
Installation: Work Hard Workshop
Coordinator: WANG Guohui
Translators: ZHANG Bei, ZHANG Bo

Supporting Organization: School of Journalism and Communication, Anhui University,The Rural Reform and Development Institute of Anhui University

Wooden Movable-Type Printing

木活字版

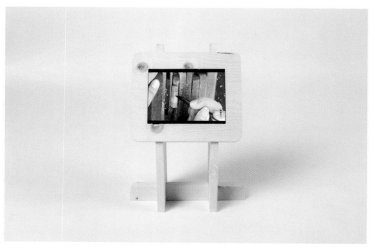

The Birth of *Crafts in Yixian County-Supplement*

《黟县百工·辑佚》印制记

黟县百工

黟县为安徽省古徽州六邑之一，是典型的"七山一水一分田，一分道路加庭院"地区，自古"岁收不给三月"。在从前，哪怕是丰年，粮食还得倚重江西等地运进。因此，按照今天的话来说，农村的第二产业收入对于黟县村民就显得不可或缺了。与其他江南地区相似，黟县的民间手工艺比较发达，不用说最具特色的古建筑营造技艺，精湛的徽州三雕，其他的如手工编扎、手工纺织、农具制作等等也都各具特色，远近闻名。"卖田、卖地，不卖手艺"这句古老的黟县谚语，就充分说明了手工艺在村民日常经济生活中的重要地位。比如，黟北洪星乡等地的村落，多年以编织斗笠为家庭主要副业。在上个世纪50年代初期，斗笠收入是这些村落的主要经济收入之一。上个世纪60年代，有个村子办学困难，于是大人利用夜晚剖篾，小孩利用课余时间编扎，依靠出售斗笠集资办学。

近半个世纪以来，随着工业化程度的加深，廉价工业制品的侵入，很多民间手工艺开始慢慢消失。比如，化纤产品替代了棕绳、棕刷、蓑衣，棕匠开始消失；水泥晒场的出现，取代了从前的竹制晒帘，原来门庭若市的篾匠那里，变得门可罗雀；塑料编织袋大量使用，麻布需求量越来越少，自元代流传至今的手工织麻开始消失，织麻器具束之高阁，或仅作为一种民俗表演存在……

2011年7月－2014年1月，左靖带领安徽大学的学生经过近十次踏访，走遍了黟县所有的乡镇，共寻访到九十项民间手工艺，2014年6月结集出版《黟县百工》

一书。作为田野报告，它展开的是徽州乡村的日常生活画卷。在这个意义上，它寻访的不只是百工，而是在寻找百工的坐标点时，呈现出整个的时间、空间与人的坐标系。在留下一份手工艺的档案之外，编辑出版此书的最重要目的，在于搭建一座设计师、艺术家与民间手工艺人合作的桥梁，探索新旧事物的融合，实现百工新生。本书特别设计了辑佚别册，用玉扣纸、木活字手工印制。

作品包括《黟县百工》《黟县百工·辑佚》（经过装裱的木活字印刷本）、《黟县百工辑佚印制记》（短片）和木活字原版。

项目团队

策划: 左靖
导演: 鬼叔中
设计: 杨韬
木活字: 邱恒勇　巫松根
装置: 卖力工坊
统筹: 王国慧
翻译: 张蓓　张博

支持: 安徽大学新闻传播学院、安徽大学农村改革与经济社会发展研究院

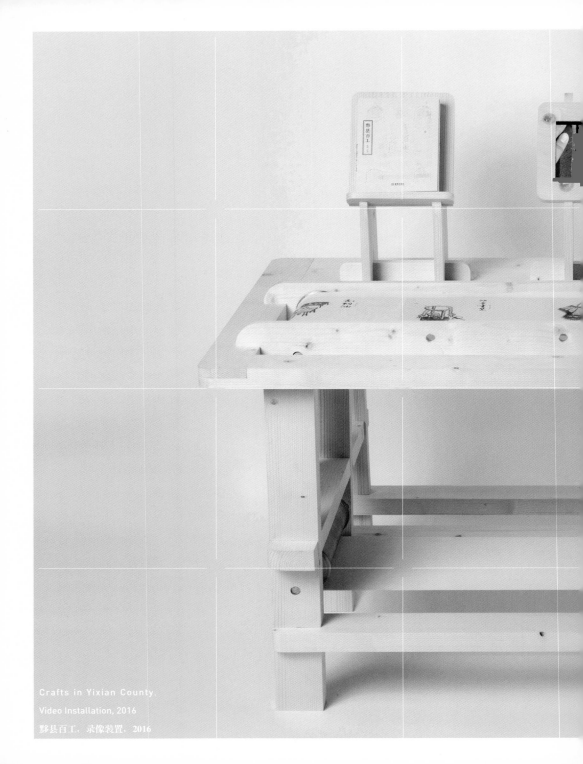

Crafts in Yixian County,
Video Installation, 2016
黟县百工，录像装置，2016

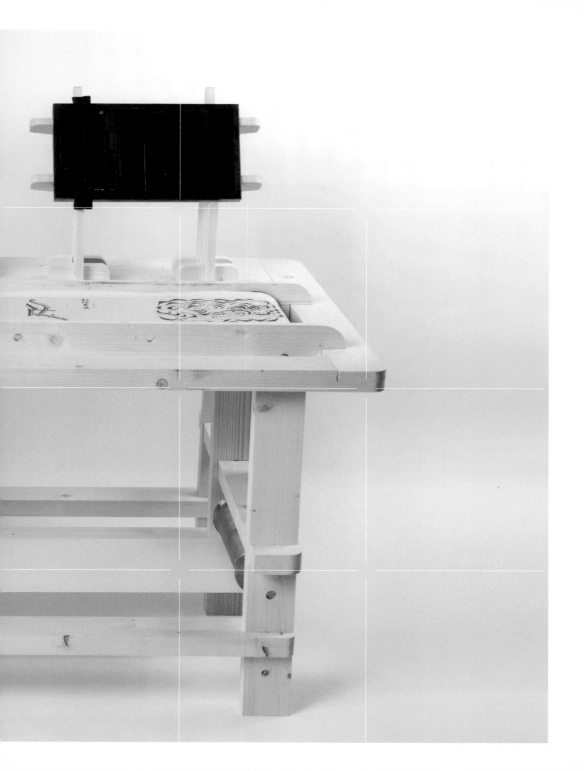

The Birth of *Crafts in Yixian County-Supplement,* Video, 2014

Director: GUI Shuzhong

《黟县百工·辑佚》印制记，录像，2014

导演：鬼叔中

Another Alternative: Township Reconstruction

Different from the objects of village reconstruction, which are mostly hamlets and villages, the objects of township reconstruction usually refer to townships and towns, but not where the county seats are located. The vast number of townships and towns throughout the country lay the basic foundation for China's traditional administrative management system. According to Professor Fei Xiaotong, a renowned Chinese sociologist, township and town stand for "a social entity that is one layer above the village community". However, the subjects of Professor Fei's study are relatively developed townships and towns in China's prosperous southern area. In other locations, such as the Qiandongnan region, located remotely in the southeast of Guizhou Province, a township or town only amounts to a dozen of administrative villages within a certain small area. Except for a very limited number of administrative personnel and a small amount of people engaged in non-agricultural businesses, the majority of the population still works on the land. Due to the less-developed local economy, the spatial layout of townships and towns in the Qiandongnan region is characterized by its simplicity: some must-have administrative spaces for township-level government departments, a handful of scattered business spaces and poorly-planned shopping centers, along with a certain number of abandoned factories left behind as local production slowed down and job opportunities in new industries moved elsewhere.

茅贡

鼓楼

茅贡卫生院　茅贡小学

茅贡镇政府

茅贡供销社

茅贡中学

鼓楼

茅贡粮站

茅贡村委会

贡兴花桥

Maogong Township

Freehand sketch: XIE Juan

茅贡镇　手绘：谢娟

Though without the characteristics or attractive architectural landscapes of other parts of the country, Qiandongnan region, with most intensive distribution of China's traditional villages, is rich in natural resources and cultural resources (both tangible and intangible). The decade-long development of eco-museums in Guizhou Province has also laid a solid foundation for cultural preservation. While village reconstruction has become a fashionable trend in China, we could then reflect on another alternative for China's rural development, and that is the township reconstruction.

We have started our preliminary work by inviting architects, designers and artists from home and abroad to renovate several obsolete state-owned buildings into a series of art and cultural spaces as well as service facilities, including art center, craft center, book store and inn, among others. By integrating the internal (local natural and cultural resources) with the external (advanced design capability and modern business models), we aim to create a mixed model as a boost to the local cultural economy. As a consequence, local resources will no longer wither or flow out, while incoming resources will take root and breathe new life into the community. By the time townships and towns are developed enough, they may expand their commercial and cultural functions into the nearby villages, where there is a moderate tourism sector and in order to avoid the overexploitation of resources. The ultimate goal is to build townships and towns places for material production and consumption as well as cultural production and consumption.

We believe that the real intention of township reconstruction is to plan and develop the local collective economy in a more rational way, to strictly prevent the mismanagement of resources in these villages, to protect the natural environment, and to revitalize the local cultural heritage. Based on these, we may further explore the possibility of developing sustainable forms of art, such as the public art that is closely related to the local culture. After years of efforts, the fusing of eco-museum, creative village (craft center) and public art could help to promote the local economic and cultural development.

Our project is based in Maogong Township, Liping County, Qiandongnan Miao and Dong Autonomous Prefecture, Guizhou Province. We have produced four short films to present our project. First, The Maogong Project: Overview; second, The Maogong Project: The Production of Space; third, The Maogong Project: The Production of Culture; fourth, The Maogong Project: The Production of Goods.

Project Team

Curator: ZUO Jing
Supervisors: REN Hexin, DU Kexin
Director: GU Xiaogang
Coordinator: WANG Guohui
Translators: ZHANG Bei, ZHANG Bo
Producers: YANG Shengxiong, ZHOU Mingfeng

Supporting Organizations:
Cultural Heritage Bureau of Guizhou Province;
The Rural Reform and Development Institute of Anhui University;
Administration of Culture, Sports, Media and Tourism, Liping County, Guizhou Province;
The People's Government of Maogong Town, Liping County, Guizhou Province

另一种可能：乡镇建设

与乡村建设的对象是农村不同的是，乡镇建设的对象在这里指的是非县治（县城）所在地的乡、镇。它们构成了数量极其庞大的中国传统行政管理架构的末端。按照费孝通的说法，（他称之为小城镇）就是"一种比农村社区高一层次的社会实体的存在"。但费先生的考察对象大概多为江南一带经济比较发达的乡镇，对于地处偏僻的黔东南而言，这里的乡、镇恐怕只是一定区域范围内——大致包括十几个行政村的行政中心，除了数量有限的行政人口，以及少量从事非农经营的人口外，大部分人口仍在从事农业生产。由于经济欠发达，这里的乡镇面貌呈现的更多是一种接近于农村的景观，只是在乡、镇政府所在区域，除了保持乡镇建制所必须拥有的空间布局外，尚有一些缺乏规划的商业空间其他消费空间混杂其间，同时，由于缺乏竞争力以及新型小经济形态的不断出现，产业或消费空间的转移和消失遗留下一定数量的废旧空间，构成了这一带乡镇特有的粗粝肌理。

在明显缺乏特色和吸引力的乡镇建筑风貌之外，幸运的是，作为中国传统村落最为密集的地区，黔东南一带拥有极为丰富的自然生态资源和乡土文化资源（包括物质和非物质文化遗产），加上多年的生态博物馆实践所打下的坚实基础，这些条件让我们可以跳脱目前国内时髦的乡村建设风潮，思考另一种可能：乡镇建设。

我们前期的工作包括，分批次邀请国内外建筑师、设计师、艺术家逐步改造乡

Maogong Township

Photography: LIAO Chen

茅贡镇 摄影：廖晨

镇闲置的国有资产，分期建设一系列的文化艺术空间和服务设施，包括艺术中心、民艺中心、书店、旅店等等，通过开创一种混杂的文化经济模式，使外来的资源在此集中和生发，同时，当地的资源不再流失或者外溢。把内（在地的资源）与外（艺术设计和商业模式）两个方面勾连起来，使乡镇的文化和商业功能足够强大，以便向周边村寨辐射。村寨有条件地接受适度的观光需求，不承载过度的旅游开发，最终使乡镇成为物质生产和消费、文化生产和消费的目的地。

我们认为，乡镇建设的真正用意在于，通过合理规划和发展村寨集体经济，严格控制不良资本进村，保护好村寨的自然生态和社区文脉，以及乡土文化的承袭与言传。在此基础上，可以考虑发展可持续的艺术形式，比如与在地文化相关的公共艺术等。经过若干年的努力，实现生态博物馆、创意乡村（民艺中心）和公共艺术的价值叠加，带动当地的文化和经济发展。

项目位于贵州省苗族侗族自治州黎平县茅贡镇。作品通过四个短片来呈现：一为"另一种可能：乡镇建设"；二为"空间生产"；三为"文化生产"；四为"产品生产"。

项目团队

策划: 左靖
监制: 任和昕 杜科欣
导演: 顾晓刚
统筹: 王国慧
翻译: 张蓓 张博
出品人: 杨胜雄 周明锋

支持: 贵州省文物局 安徽大学农村改革与经济社会发展研究院
贵州省黎平县文体旅游局 贵州省黎平县茅贡镇人民政府

Director of Dimen Dong Cultural
Eco-Museum: REN Hexin
地扪生态博物馆馆长任和昕

Party Committee Secretary of Maogong
Township: YANG Shengxiong
茅贡镇党委书记杨胜雄

Chief Secretary of Villageideas: DU Kexin
创意乡村联盟总干事 杜科欣

Another Alternative: Township Reconstruction
Director: GU Xiaogang   Photography: XIE Yu
另一种可能：乡镇建设
导演：顾晓刚，摄影：谢宇

Production of Space · Barn Art Centre

The original barn is located in Maogong Township, Liping County, Qiandongnan Miao and Dong Autonomous Prefecture, Guizhou Province.

For the start of the Maogong Project, a group of buildings, including the abandoned barn, will be transformed into culture-oriented venue. New programs are introduced: public art forum, local craftsmanship and farming products display. It will be composed of a cluster of spaces: exhibition halls, bookstore, artist's residency, designer's workshop, teahouse and café. The outdoor space will be reorganized with three courtyards, be built with local traditional wood structure and techniques.

The redevelopment will keep most of the structure untouched while mending with local materials and techniques.

Architects: Approach Architecture Studio (LIANG Jingyu, YE Siyu, ZHOU Yuan)

空间生产 · 粮库艺术中心

茅贡粮库改造项目位于贵州省黔东南苗族侗族自治州黎平县茅贡镇。

作为茅贡项目之"空间生产"的开端，几座位于二级公路边的闲置资产将经过改造，成为乡镇新的文化载体投入到使用中。粮仓和周边旧建筑将通过墙面翻修及室内改造，整理为以公共艺术研讨、地方手工艺和农产品展示为主的文化艺术空间，包括展厅、书店、艺术家驻场工作站、文创小馆、茶室、餐饮等附属设施。外部采用当地传统做法及材料围合建造一条分隔喧闹的公路与安静的展厅之间的廊道，将现有室外空间划为三个大小、形状、使用目地不同的院落。

旧粮库将修护、保留大部分旧墙面。新的搭建工艺和材料就地取材，但在某些屋面做法上对传统做法进行了改良。

建筑师： 场域建筑（梁井宇、叶思宇、周源）

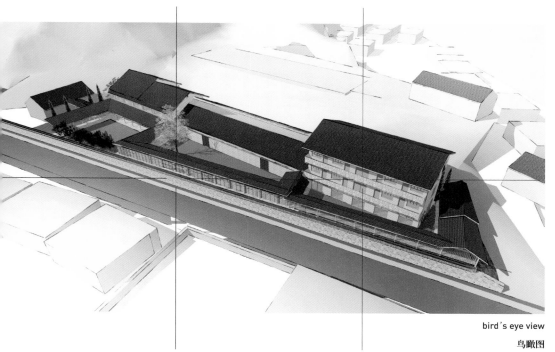

bird's eye view

鸟瞰图

main entrance perspective

主入口透视图

Production of Space
Museum of the Dong Chorus

The project is located in Shudong Village of Liping County, Guizhou Province.

Surrounded by mountains and rivers and built along a valley, Shudong Village presents a layout typical of the Dong minority ethnic group. The museum site is located at the north of the river, facing southward towards the village. Following the relationship between architecture and topography of Dong Village, this project weaves new and existing buildings together, makes the historical site a marvelous background for the Dong Chorus, and provides a natural and authentic place for folk songs - which were normally sung by workers of all stripes as they performed their duties - to occupy their rightful place as part of the local history.

Inspired by the traditional column and tie wooden construction of Dong minority, this design explores the contemporary expression of the traditional construction systems through transforming and combining it with new types of space. Concept of the concert hall comes from Drum Tower's centripetal space structure, which forms a layout where people can sit and sing around the fireplace, it also breaks the one-sided pattern of singers and audiences, and recalls the original meaning of singing in the life of the Dong. At the same time, the roof structure is woven into the shape of a dome by using small wooden components of the column and tie construction, forming a unique spatial atmosphere and the tension of structure. Generally, most of the construction work can be done by local craftsmen.

Architects: WANG Hongjun , GAN Hao
Assistant Architects: QIAO Chengwen, ZHANG Tao, HONG Fei

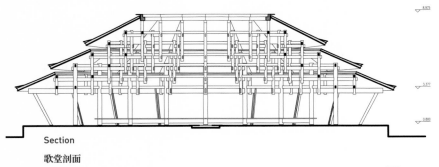

8.975

3.377

0.800

Section

歌堂剖面

空间生产 · 大歌博物馆

项目位于贵州黔东南苗族侗族自治州黎平县岩洞镇述洞村，距离茅贡镇十余公里。

述洞村依山傍水，顺坡而建，呈现出典型侗族村落的布局形态。建设用地与既有村落隔河相望，形成互相观看与呼应的态势。设计遵循侗寨中建筑与地脉的关系，使新建筑与场地内的既有民居编织在一起，将历史聚落作为大歌舞台的绝妙背景。形成依山傍水的自然舞台，回归本真的歌唱之所。

设计采用侗族传统的穿斗式木结构，并对其进行了转化和再思考，结合新的空间类型，探讨了传统结构的当代表达。歌堂的设计取自鼓楼的向心性空间结构，形成环绕而坐，向火而歌的布局，打破歌者与观者的二元格局，还原歌唱在侗族生活中的原本意义。同时，利用穿斗结构的小型木构件，编织形成穹窿式的屋顶结构，形成了独特的空间氛围和结构张力，大部分建造工作可以由当地工匠完成。

建筑师：王红军、甘昊
助理建筑师：乔成文、张涛、洪菲

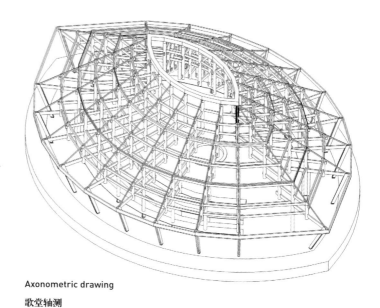

Axonometric drawing

歌堂轴测

Production of Culture

The examination into the development of culture begins by identifying the existing natural and socio-cultural resources in Maogong. Through collaborative research, systematic publications and interactive exhibitions, we invite artists, designers and scholars abroad to cooperate with local experts and villagers in exploring and reconstructing the vernacular of culture. Assisted by contemporary media and communication, the long-term production aims to not only inspire the local community to rediscover their familiar hometown, but also provide outsiders more ways for understanding the local community. Furthermore, this production helps to encourage and support younger generations - through education and training programs - in the preservation and reconstruction of historical sites.

The ongoing projects include: Exhibition of RICE (in association with the Dong's Rice Fish Duck System, GIAHS), Dimen Academy Series (series of publications including Villages Series, Maogong Mook, etc.),and local customized artworks by invited artists.

文化生产

文化生产将首先围绕茅贡镇所辖范围的自然资源和人文资源展开，邀请本地学者、村民与外来的艺术家、设计师和人文学者分工协作，以调研、出版和展览等形式，深入探究和梳理在地文化，利用当代媒介和传播手段，既使本地民众通过大家的工作重新认识自己的社区，又让外来者得以系统了解当地文化从而展开研究，并在此基础上教育和培训当地青年人，吸引他们共同参与建设。

目前正在进行的项目，包括米展（对应当地的全球重要农业文化遗产——侗乡稻鱼鸭复合系统）、地扪书院系列出版物（村寨系列丛书、《茅贡》杂志书等）和艺术家为本地定制的艺术作品（本地题材以及利用废旧建筑和户外创作的公共艺术作品）等。

Dressing Up, Three Channel HQ Video, CHEN Qiulin, 2014-2016

梳妆，3屏幕高清录像，陈秋林，2014—2016

Production of Culture
文化生产

Rammed Earth Series for Exhibition of RICE, MU Chen, 20
夯土系列，装置，慕辰，**2011**

Ware of Rice for Exhibition of RICE, WANG Kezhen, 2015
米器，银，王克震，**2015**

Red Iron Glaze Lotus-shaped Bowl for Exhibition of RIC
DONG Quanbin, 2015
赤铁釉莲花碗,陶，董全斌，**2015**

Dance about Rice for Exhibition of RICE, XIAOke × ZIhan, 2015

关于米的舞蹈，小珂×子涵，2015

Production of Goods

The production of goods is the basic condition for making the Maogong Project sustainable. During the past decade, the Dimen Dong Cultural Eco-Museum has established a system in which gifts from nature could be equitably shared by countryside and city. It has repaired the production/consumption relationship based on mutual trust and benefits for urban and rural families, and supported villagers to operate their Community Eco-industrial Cooperatives. Under these circumstances, various players perform different roles: the villagers join in on the project as production groups or family workshops, the Eco-Museum provides necessary training and quality supervision, the cooperatives organize producing and manufacturing activities, and the Villageideas is responsible for product development and marketing. The whole system has not only revitalized the collective economy, but also increased villagers' incomes and promoted the development of regional economy.

产品生产

产品生产是茅贡项目的重要环节，也是使这一项目可持续的基本条件。在长达10年的时间里，在此耕耘的地扪生态博物馆构建了一个让乡村和城市可以共享自然馈赠的系统，恢复并建立了农村家庭与城市家庭互信互惠的生产／消费的关系，扶持并创建当地人的经济体——社区生态产业合作社。村民以生产小组或家庭作坊的形式加盟，生态博物馆提供培训支持和品质监控，社区生态产业合作社负责组织生产和加工，创意乡村联盟负责产品研发及设计推广。整个系统在增强集体经济活力的同时，提高了村民的收入，带动了当地经济的发展。

Local creative products

Dimen Dong Cultural Eco-Museum, Community Ecological-Industry Cooperatives, Villageideas, 2005-2015

产品拼图

地扪生态博物馆 社区生态产业合作社 创意乡村联盟，2005—2015

左靖

目前关注及研究方向

当代乡村建设在中国如何展开；乡镇建设如何可能；以县域为单位的百工调研；百工的再生设计和商业化；乡镇的类型和城镇化；乡镇建设的生产系统；公共艺术的在地适应性。

作品观念形成的来由与成因

本次参展有两件作品：一是前后历时三年对安徽省古徽州黟县一地的百工调研出版物——《黟县百工》。全书分馔饮、器物、生活、用具、礼俗、居屋和物什等七大类，对黟县人的生活方式进行全面整理，对每一项目的时令特点、制作流程、工艺细节、历史源流、背后的工匠艺人以及他们的家庭状况都有详尽的记述。这份田野考察记录，对于以后的研究者展开农村生活史、经济史和文化史的论述，以及引入外来力量进行文化保育和传统手工业的激活再生等工作均有所帮助。更进一步说，以县域为单位，本书为系统整理中国的民间工艺开创了一种可资借鉴的样式。

作品通过一个影像装置，展现传统工艺在当代的运用——木活字、手工纸木版手工印刷的重生，用影像纪录制作过程，以及木活字版的实物展示。其中在木刻插画上烫金箔，是来自民间传统的冥纸工艺，有祭奠传统工艺消失的含义，与内文中"生变死不变"（黟县的寿衣制作至今保持明代的样式）的文化生命力相互呼应。同时，木活字版经过拆装，以传统方式装裱，以手动卷轴的形式呈现，也是借以表达传统工艺和当代设计结合的魅力。

"另一种可能：乡镇建设"的概念来自于费孝通先生在20世纪80年代开始对小城镇的研究，以及任和昕先生在黔东南苗族侗族自治州黎平县地扪生态博物馆长达10年的实践。费先生通过对自己家乡江苏省吴兴县小城镇的研究，大体把吴兴县的小城镇分为五种类型：商品流动中心，手工业产品集散中心，政治中心，消费、享乐型的文化中心和交通便利型的经济中心，指出小城镇与周边乡村的关系是细胞核与细胞质的关系，两者相辅相成，可以结合成为同一个细胞体。小城镇属性应该是农村的服务中心、文化中心和教育中心。尽管项目的所在地茅贡镇并不在江南一带小城镇的上述五种类型之列，但它拥有的10个中国传统村落使之成为另一种类型的"乡镇"（在这里，"小城镇"和"乡镇"的概念可以互换），即拥有极为丰富的自然生态资源和乡土文化资源（包括物质和非物质文化遗产）的"乡镇"。在当地政府的主导下，以及地扪生态博物馆（该生态博物馆的地理范围等同于茅贡镇所辖范围）10年实践的基础上，以在地资源为主体，先人的智慧为依托，结合外来的文化、经济资源，通过合理规划，我们试图创造一个有效的生产系统，包括空间生产、文化生产和产品生产等等，使茅贡镇成为方圆百里侗寨的服务中心、文化中心和教育中心，让所有生活在这里的人们共享共同创造的工作成果。

日常研究方法与工作方法

阅读、思考和实践，通过实践掌握方法；特别是通过失败的经验重组工作方法。

具体事例或工作案例

2011年以来皖南农村的乡村建设实践，包括民间手工艺的调研、出版和展览，古建筑的保护和再生利用，乡村公共文化生活的复兴；以及黔东南农村的生态博物馆建设和目前正在进行的"乡镇建设"。

对参展主题的看法

"黟县百工"项目就是对"平民设计，日用即道"的呈现。在那些手工匠人的身上，我们看到的是未经矫饰的徽州乡村的日常生活画卷，以及不同于工业社会的生产与生活方式的信息。这些信息的意义在于促使我们重估人与自然的关系，从而尽可能地纠正错误的生产和生活习惯。"平民设计，日用即道"也会在"另一种可能：乡镇建设"项目中体现，珍视在地资源与传统经验，在与环境友善的前提下改善环境，向先人智慧学习，向平民设计学习，激活并赋予废旧空间生命力，"以古为新"，创造一种从容且可持久的生活和工作方式。

未来计划

继续乡镇建设的探索，致力于动态生产系统的研究和实践。

卷 尾

延 伸 阅 读

场域建筑团队

左起：周源，梁井宇，叶思宇

摄影：夏远芊

杨梅竹斜街

场域建筑

始于2012年，杨梅竹斜街的改造被政府立项为沿街立面修缮与景观设计。具体内容包括杨梅竹斜街两侧有选择的部分建筑沿街立面修缮设计、街道空间及景观设计。随后，在具体实施过程中，该项目被场域建筑Dashila(b)调整为大栅栏文保区节点规划、软性实施的试点工作。

最初和项目委托方确认的工作内容为以下四个部分：

1. 根据甲方提供的沿街违章建筑清单，研究并筛选确定需拆除的沿街违章建筑范围，并提供拆除后释放出的沿街公共空间范围内的景观设计、建筑立面设计；

2. 根据甲方提供的沿街拟保留商家／居民房屋清单，研究并筛选确定需改造立面的建筑，并提供其立面设计；

3. 拟改造沿街节点的立面示意；

4. 街道景观设计（此部分工作由无界景观负责）。

在实际工作中，以上设计工作逐渐演化为和甲方、杨梅竹斜街居民三方的合作，特别是和居民的协商工作。不同于普通现场派驻指导施工的做法，场域建筑在设计阶段，就将工作室设计人员安排在项目现场，收集每一户居民对改造的需求，并进行及时的设计反馈。同时还需确保方案在甲方紧张的预算控制范围。项目历时两年多，其中经过多次公众聆讯及单独协商。这种工作方式在北京旧城改造历史上尚属首次。

在设计阶段，我们确定以下几点设计原则：

1. 本次设计虽然是沿街立面修缮与景观设计项目，但着眼点并非以往单纯立面美化"粉饰"的政绩工程，而是结合违章建筑的拆除、市政建设、区域腾退、节点试点招商等等同步进行的、针对杨梅竹斜街空间质量、氛围提升的一揽子设计。不求连续性、全、新、光鲜却不持久、浪费而不实用、破坏伪装而不是真实修缮的"一层皮"的惯常错误做法;务求有效、有质量、有空间、有景观、有新有旧有保留的务实而可持续的,同时也是能被商家、本地商户、居民普遍认同的改造设计。

2. 对于拆除后产生出的新街道空间,设计应当提出充实的公共空间设计方案,以景观手段为主、立面修缮为辅的方针,创造出宜人且可提供不同使用用途的公共空间。

3. 对于永久保留的现有商户及居民,立面修缮的重点为整治明显与胡同风貌冲突的元素,比如劣质门窗、空调室外机、粗鄙的广告牌及商业招牌、与传统胡同灰砖墙面材料严重冲突的其他立面材料。尽量避免立面粉刷的"涂脂抹粉"。

4. 对于试点招商的节点,其设计交由单独委托的建筑师完成。因此在本设计项目中,仅提出立面设计的初步示意,供评判本项目委托重点设计内容参考;而本次设计中所提出的这部分建筑立面的高度、平面位置将作为后续单独委托设计工作的起始依据。

5. 街道景观的设计重点在铺地、沿墙面的垂直绿化、屋顶绿化、公共空间几个部分。由于杨梅竹斜街的道路宽度有限,因此绿化空间本着不影响人流通过及户外使用的原则,但也考虑了居民机动车停放的限制与控制措施。

6. 在大栅栏的策划及规划中,对杨梅竹斜街未来的总体定位是不同于大栅栏西街的一条依然保持胡同真实特性,有部分商业、办公等与现有商户和居民混合的、较为安静、但有品质感的胡同街道。因此一切表面化的、非永久性、过于"干净""新"的立面修缮措施、材料运用都尽量避免，以防止改造后的街道失去历史的真实沧桑所具有的品质感，而沦落为廉价的仿古旅游街。

在实施过程中值得一提的是违章建筑的拆除问题。

北京许多胡同都存在不同程度的居民侵占公共空间现象，在杨梅竹斜街体现多为挤占胡同道路的违法搭建。对市政设施、交通组织和消防扑救都造成许多困难。

然而另一方面，居民的违法搭建的诱因又值得同情——常常是居民为了自行解决其家庭内部的居住困难而不得已为之。

为了保证公共空间的开放性，这些违章搭建是必须要拆除的。但是，在拆除后的重新利用上，设计考虑到了这部分释放出的空间使用灵活性：将之划归为可供居民使用的"灰色"弹性空间——在保持其开放性的前提下，还给居民使用。这样即能保证公共空间的共同使用，同时又照顾到特殊情况下相关居民的使用便利。

目前该项目已经进入第四年。场域建筑的工作虽然已经完成，但是变化还在继续。为了防止该区域绅士化，我们曾经考虑租金控制计划、成立街区商家协会、居民代表协会等机制，进行后续的商业与建筑运营管理。这些计划是保持杨梅竹斜街在未来能稳定发展的重要基础。让我们期待杨梅竹斜街目前的工作团队能在未来继续取得成效。

大栅栏与Dashila(b)

场域建筑

2012年11月《国际先驱论坛报》设计评论专栏作家Alice Rawsthorn对梁井宇的访谈

Alice Rawsthorn （以下简称AR）：您有哪些重新激活大栅栏历史街区及其手工艺传统的计划？

梁井宇：手工艺对整个大栅栏项目而言，是与其联系紧密的重要部分，体现在以下的不同方面。

从城市层面来看，非常幸运的一点是，"中国特色下的城市建设"——提高城市的密度并且使得其失去原本特点的这一普遍做法，并没有被开发商们在大栅栏区域所实施（除去前门商业街，这里我们所讨论的大栅栏主要指煤市街以西的片区），这是由于近几年急速增涨的拆迁费（主要是对原住居民的补偿费）使得该片区无法形成商业盈利体系。

不同于采用自上而下的城市规划，或是其他所谓的"保护下的发展"的规划方案，我们的规划基于对这一地区丰富的历史背景和它极其精致的城市肌理的考虑，采用的是一种更为柔和的"修缮式"的规划方式。Dashila(b)是负责这个规划的项目团队。

Dashila(b)和一般的设计公司不同，它负责大栅栏地区的城市与建筑设计两方面的咨询以及实施工作。因此，这个修缮式的规划不仅在设计阶段需要使用工匠式的思维方式，也需要真正的手工艺者加入到这一方案的实施环节中。修缮意味着放弃自上而下式的城市规划，放弃铲平原历史街区后重建一个伪古董的做法。相反，我们要做的是分析每一个现存四合院和原有建筑，判断哪部分需要被重建、修缮或原式保留。

目前，该片区大部分的原住居民仍持消极态度，坐等政府的一纸拆迁令及其带来的巨额补偿金，好让他们由此衣食无忧地安度余生。我们的甲方，即政府所有的官方开发商（北京大栅栏投资公司BDI），在过去的几年里依靠政府的投资购置了很多本是属于个人的房产。在我们介入之前，他们还希望可以获得更多的房产以形成整个联通的片区，以此推倒成片的老旧的小房屋并在其上建造新的大型房产。但是，这些收购来的房产分散在片区之内，无法达成联通，而且其中很多已经弃置了两到三年。

在对情况有了初步的了解之后，我们建议BDI彻底放弃目前的开发概念，并立即对这些闲置的房产进行策划。因此，我们在这个初期阶段实施的，就是我们所谓的城市治愈计划——通过我们所能掌控的可用地产来引导恰当的新产业、文化以及公共空间进驻到片区内。在设计周期间，利用闲置空间安置临时售卖摊铺就是我们所做的众多努力之一。我们将新产业引入到区域中，希望他们能起到催化剂的作用，促进原住居民与之产生互动。

接下来，希望能如我们所预期，在不久的将来，有越来越多的当地居民可以改变他们的想法，决定留下来而不是带着补偿金搬迁。这样，我们的工作将会进展到下一个阶段，同当地社区以及官方协作，帮助他们翻新旧居和经营生意，通过小型投资或者是提供专业的支持帮助居民重新建立他们的生活模式。在行政层面，我们也会协助政策制定者规范这样的半自发的发展模式，保证它们处于健康良性的发展状态。

如果我们再回过头来审视大栅栏地区的手工艺情况，它实际上有两个方面值得我们探讨：一是传统建筑（胡同、四合院以及合院），另一是源于并仍传承于该地区的传统工艺技术，其中非常杰出的一些已经成为我们的老字号品牌。毫无疑问，大栅栏是北京集（现存的）四合院和胡同的最大片区，并且其容纳的老字号店铺数量超过了中国其他任一商业区的数量。

AR：这个想法是怎么出现的？您个人参与了哪些工作？目前为止已经完成了哪些工作？产生了什么影响？

梁井宇：修缮式规划与手工艺结合，涉及两个方面。

第一个方面针对的是整个地区的保护，并考虑旧建筑的更新再利用问题，借此找到的一种革新的建造构造方式，可以使手工施工建造更加简单易实施，其过程可以自主完成而不需要建筑师和工程师的协助。传统建筑的保护和修复需要清晰的引导。当今社会中很多人的固有想法是，新建筑比老建筑好，仿造建筑比原物好。而我们想要保证的是，即使无法避免建筑中部分的修复和重建，这些新增的部分也可以很清晰地从旧有的部分中被识别出来。

另一方面，我们希望可以通过和当地居民、艺术家、设计师、手工艺人及其店铺、特别是和老字号品牌的合作，来帮助这些有价值的当地产品进行品牌再塑造，甚至是产品的再设计和再发展，尤其考虑到老字号的生存危机，他们缺乏对现代产品包装的认识和提高技巧，并且可替代品牌的出现以及人们生活方式的改变也加速着他们的边缘化。比如内联升，一个有着百年历史的手工布鞋品牌，它的产品是精美的传统手工艺品，但目前正面临着市场萎缩的困境。然而，它也可以通过将现有产品包装再设计、更新零售店店面设计以及使用公关策略转型成一个高新的时尚品牌。

正像我之前提到的，我作为Dashila(b)团队的负责人，同另一位来自BDI的负责人合作。从2010年着手这个项目起，我们带领着一支来自各行各业，跨界组合的团队，有城市设计、社会研究、建筑设计、产品设计等等。我们的任务不仅仅是提供策略，更包括执行和实施，并对整个项目过程进行调解。所以我认为我身处于建筑实践的边缘——是一个受不同价值体系影响的综合体，包括城市层面，手工艺领域，地方历史和文化方面，以及企业领域。因此，这不是一个可以有明确截止时间或是可以在短期内交付的项目，我们希望可以给予我们十年的时间来完成。

其中一项正在进行的工作是同日本设计师原研哉的合作项目，通过设计新标识，3D地图和指示牌，来重塑大栅栏地区的形象。我们想通过这一项目，用既清晰又别致的视觉信息，向大众传达我们的意愿，即我们希望如何对待过去，如何对待手工艺，以及我们对大栅栏未来的企盼。

此外还有北京设计周的展览，以及我们在2011年和2012年做的的流动展览店铺。它们带来了出乎意料的强烈反响，我们唤起了大家对这片地区更多的关注和探讨（2011年），并在创意社区的内外均激起了民众在大栅栏地区进行商业合作、经营生意与进行艺术实践的极大兴趣。

AR：您还计划在未来实施哪些项目？

梁井宇：我们还要在未来实施很多设计和项目，下面是其中的一些：

1.我们计划建立一个国际性的咨询委员会，邀请全球领域内人士长期帮助我们策划这个项目。

2.将工厂（设计周的主展场）转型为永久的艺术展览空间。

3.研究是否有可能发展一种新结构以及修缮方式，提供给无法获得专业人士帮助的当地居民。

4.吸引更多的来自国内及世界各地的艺术家、设计师和建筑师，参与到这个项目中来。

5.策划专注于不同项目和主题的工作营、论坛、活动、展览和出版。

AR：这个项目所面临的最大挑战有哪些？

梁井宇：有非常多的挑战，甚至可以说最大的"一个"挑战其实并不仅仅是一个，而是有很多，我尽量梳理：

1．基于政府机构的频繁换届，不能保证得到稳定有保证的的政府支持。

2．如果这一地区的租金和土地使用分区规划不能被相关法律强控，将导致该地区的绅士化。

3. 当地高密度的人口本身并不是一个问题，但是如何在不迁出大量居民、不违背地区低密度开发保护原则的条件下提高他们的生活条件并保持迷人的传统建筑形式才是问题所在，这个矛盾甚至从设计层面也没有解决。

AR：您如何评价这一项目的成败？

梁井宇： 如果无法处理上面提到的挑战，那就必然会有失败。如果我们可以设法解决这些问题，可以看到整个地区的家庭收入的提高，房地产价格上升到城市平均水平，越来越多的居民和当地商人认同他们的老房子是有价值的艺术品，并且越来越多的有意思的历史街区可以找到恰当的新用途等等，达到这些标准让我可以判断我们的项目取得了成功。

AR：大栅栏项目是否在广泛层面上反映了更新中国工艺传统的决心，还是仅针对于这一地区？

梁井宇： 不管是出于必要还是自发，手工艺的革新再生是终将发生的。中国有着辉煌悠久的以工艺和工艺技术为生的生活模式。手工艺可能再生成为对抗工业化、城市化，甚至是全球化的手段（必要性），或者是成为调节人类过度增长的消费欲和有限的自然资源之间的调节剂（必要性及自发性）。大栅栏可能是唯一一个主动向这一方向发展的例子，但是我希望在将来这不再是唯一的一例。

（英译中：赵思媛 校对：王一雅）

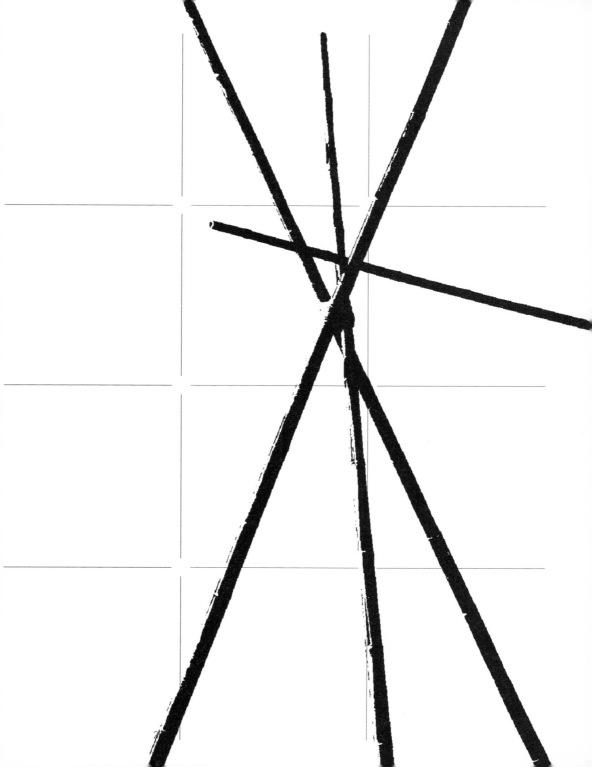

马可在北京無用生活空间

摄影：舒雷

良心设计，清贫做人

马可

十年历程

我是一个不喜欢用语言表达自己的人，一直更愿意用作品来代替自己说话，好在创作是件非常诚实的事，透过作品完全能窥视一个人的内心和精神世界。所以先从我这十年来的创作生涯开始说起吧。

1992年于苏州丝绸工学院毕业后，我先来到广州在企业里做了三年的设计师，这段经历让我感觉到把利益最大化作为首要目标来追求的企业对设计师来说不啻为一种灾难，我一直渴望找到把服装和设计作为理想而不是生意的企业，经过几年的苦苦寻觅却很失望，无奈之下于1996年很不情愿地做了老板，跟合伙人一起创立了后来被称为"中国第一个设计师品牌"的——例外。创立品牌源于我一直以来的梦想：创造一个非常具有原创性的有着中国人的精神实质和民族自信的品牌，她的品质、审美、设计的高度都是可以站在世界顶尖之列的。随着对设计的认识逐渐深入，时装和服装这两个名词对于我开始有了质的分别，西方时装界对女性美的定义和我眼中的东方美有很大的不同，东方的美是含蓄而内敛的，不是一览无遗的性感，我理解的美的女性就是自信的，真实而独立的女人。

2000年以来，我开始在中国一些偏远的山区调研，我对中国的传统手工艺的认识逐渐加深。农民们仍旧保留着日出而作、日落而息的传统生活方式，他们与土地之间那种亲密的、自然和谐的状态非常令人感动，但他们的世界却是与时装完全绝缘的领域，每个人只有几件老土布的旧衣服，还一直缝缝补补地穿着，长辈们留下来的旧衣裳他们如数家珍，每件老衣服都能讲出一段故事……这些经历对我的触动很大，而这些让我感觉非常值得珍惜的事物却在现代生活里被很多人称为没有用处的东西，我心里产生很大的质疑：难道由于工业的发展、科技的不断进步，这些陪伴人类走过千万年的传统手艺、生活方式就彻底退出人类的文明进程了吗？难道这些被人们认为无用的东西就真的将在人类生活中销声匿迹了吗？我觉得这是一件非常令人痛心的事情。在农村的日子让我有种找到根的感觉，让我发现了那些人性中最本质的东西，那些无论科技和经济发展到何种程度，人们内心深处永恒不变的东西……

随着例外品牌的发展壮大，我和合伙人对品牌的发展方向产生了较大的分歧，我坚持例外作为一个设计师品牌应始终坚持有高度的设计质量及精神理念价值永远大于商业利益的原则，但合伙人则希望企业规模不断扩大，拓展开店数量，以期创造更大的商业效益。为了坚持创业时期的初衷，2006年我正式辞去例外设计总监职务，独自来到珠海创建"无用设计工作室"。我想尝试重拾这些即将消逝的"无用的"传统技艺去做一些事情，我想挑战一下自己过往的极限，看能不能做出一些具有超越性和启发性的创作。

我对于人的心灵生活和灵魂世界具有天生的强烈的探究愿望，通过那些深深感动我的手造之物，我深信最伟大最高尚的创作动机应该是出于"关心人"，对"人"本身的终极关怀——关心人的情感，关心人的精神世界。这种关心包含了爱，但比爱更为广阔，更无条件。我是一个非常迷恋手工的人，从小喜欢画画和动手做东西，人们亲手做的东西中常常蕴含着工业机制品无法达到的深厚情感和灵性。现在手工在世界各地所处的境况基本是一样的，都已经被大量制造的工业品挤到了生活的边缘。在无用工作室里，我们的所有出品全部是纯手工制作的，从纺纱到织布、缝制和最后的染色，全部采用手工和纯天然的方式，不会对地球造成任何负担。这也是我放弃工业的高效，而选择缓慢原始的手工的原因：如果我们不能通过物质发现其中的用心和寄托的情感及精神价值，那么对我来讲这就是"死的物质"，现在地球上这样的东西已经堆积如山，空耗了大量的资源。

无用工作室建立不到半年我得到了法国时装工会的邀请，基于上述的想法，就决定参加2007年的巴黎时装周，对我来说这仅仅是个说话的平台，我知道我做的东西根本不是时装，我希望唤醒更多人对这些传统、这些即将逝去的记忆中所蕴含的情感价值重新加以认识。这场秀的名字叫"土地"，在巴黎的一个百年中学的篮球场里，观众们在作品周围走动观看，而演员是静止不动的，这样的形式也透露着我的态度：人都是生而平等的，时装自产生之始就一贯是等级和特权的象征，但我觉得所有人在作品面前，在真实的土地面前，在劳动者面前是平等的，如果没有他们的劳动，城市人是没办法生活在这个地球上的，在劳动者面前我们没有任何优越感值得炫耀。这场秀便是我发自内心向养育人类百万年的大地之母及一直在土地上默默耕耘的农民们致以的崇高敬意。

巴黎发布会之后，一些世界各地的博物馆开始邀请"无用"做展，外界也开始有人称我是"艺术家"。艺术是我多年以来内心向往的神圣净土，我心目中的艺术是人类最后的救赎，人类目前面临的危机和问题，艺术中都有解决之道。艺术家这个称呼无疑可以使虚荣心得到很大的满足，面对这个选择我考虑了大半年，不断问自己："如果此生在这个世界上只能选择做一件事，那会是什么？"追求自我表现，向世人展现自己的才华和创造力都已经无法吸引我，我希望实现的是比生命更长久的东西，因自己的作为能使大自然和人与人的关系变得更美好一点儿。我觉得一个人的价值不是体现在他的个人成就上，而应是对周遭自然万物的珍重友善，对他人生命意义的启发，提升人们的精神生活质量，如果不能在这方面有所贡献，即使个人功成名就、家财万贯又有什么意义呢？有一个怎样的头衔已经毫不重要，关键是能从自我中出离，身体力行始终如一地为众生创福。

無用的第一场发布后不久我们又接到了巴黎高级定制时装周的邀请，2008年7月，在这个国际时尚的最高阵营中上演了一幕名为"奢侈的清贫"的中国剧：在巴黎小皇宫的露天广场上，一群年龄各异不同人种的瑜伽太极舞者身穿简朴衣裙，随蒙古歌手纯净辽阔的歌声，在落日余晖下冥想般地缓缓起舞，宛如梦境中的东方净土。在致巴黎高级时装公会的信中，我写到："我希望让服装回归到它原本的朴素魅力中，让人们被过分刺激的感官恢复对细微末节的敏感。今天的时代中，真正的时尚不再是潮流推动的空洞漂亮的包装，而应该是回归平凡中再现的非凡，我相信真正的奢侈不在其价格，而应在其代表的精神。"

我的清贫观

我的工作室位于珠海市郊一个古树丛生、安静清幽的百年园林中，这里曾经是民国总理唐绍仪的故居。在这里，我的生活和工作融为一体，密不可分。事实上，这也是我希望的样子。

我曾经是一个生活在大城市里每天日程满满的忙碌的设计师，来到珠海的几年时间，我一直在学习的就是适应慢生活。前面两年因为专注于做巴黎展出的作品，我并没有好好地发现悄然而至的春天。去年的清贫秀后，未来的路已经越发明朗：身体力行地去过简朴平静的生活，就是我的选择。今年的春天在我的记忆里格外的生动鲜活：我看到荔枝树浅红色的嫩叶如何在阳光和雨水中转为翠绿；门口的老樟树如何在春天里脱下去年的叶子，魔术般换上一身蓬蓬勃勃的新绿；去年还需要踩着凳子才够得着的枝头，如今已经蔓延到门前。两个月前的一个访问：你什么时候感觉到幸福？我答：夏日午后，一只蜻蜓落在我的茶杯沿上很久都不离去的时候……

我曾经是一个时装设计师，后来是一个服装设计师，再后来是一个设计师，还差一点就做成了艺术家，而现在，却什么都不是了。

简单朴素的东西真的不需要太多，因为式样没有太大的变化，就可以减少占有物质的数量，在外在物质的层层舍弃中，心的自由度却越来越大了。我把对物欲的剥除看成衡量修行的标尺，我们的生活里充满着貌似必要实则多余的东西。当我们穿上最简单朴素的衣服，留着最不起眼的发型，背着最老土的包还能找到那份来自心底的自信时，你的脸上就会自然留露出谦卑而诚恳的表情，你就会明白在最朴实无华的外表下有可能隐藏着最为动人的灵魂；你既不会以貌取人，更不会沾沾自喜；当你不需要凭借外物证明你自己时，你的心才能真正放下防卫而敞开接纳他人，因求真若渴而慢慢变得坚韧丰盈。

我们可以设计什么呢？生活中的必需品根本不需要看得见的设计，看不见的设计就已经不再是设计，而是一份"用心"了。当你面对着和你一样沉默的材料时，"用心"不是利欲熏心的计算，"用心"不是驾驭和掌控，"用心"是带着对万物的爱惜之情，对手的劳作的尊重去深入体会，先倾听方能听懂，听懂了就顺其自然地做了，不扭曲，不强加。大自然的奇妙和伟大足够满足我们所有的好奇心和想象力。我们不需要刻意地创造，我们只需要用心去发现——发现潜藏于万事万物，自然规律中的道，不需要试图改变或操控创造了人类本身的大自然。人的生活离不开自然生态，我们的生活本身就是生态圈的一部分，人类的行为会直接影响自然，最终回报在我们自己身上，这就是因果，也是永恒不变的宇宙法则。

在工作室里的生活，我每天大约八成以上的时间都生活在一个人的沉默中，沉默的生活并不寂静无声。当我不讲话时，外界的声音都变得异常清晰：清晨是鸟儿的鸣叫，和风吹过大树、叶子的沙沙作响，雨后是屋檐上的积水滴落在门前的滴答声，黄昏是隔壁房间传来的单调却动人的老织布机发出的歌声，还有当我把耳朵贴在熟睡的狗狗鼻头上，她平稳香甜的呼吸声……其实每个人都有两个声音，一个是唇齿之间的声音，另一个是心里的寂静之声，一个响起来，另一个就会关闭。韩国的法顶禅师说："人类基本的存在方式是沉默，沉默不是外在的，而是一直潜藏在我们心里。要做到自我净化和自我约束，最快的方式是沉默。想要在喧嚣中守护自己的灵魂，就要懂得沉默的意义。"

可能有人会很羡慕我的生活，其实任何人都可以选择这样的生活，因为这并不是要求你要拥有多少资产，而是你能够舍弃多少不必要的事物以获得心灵的自由。阻碍我们过上物质清贫而内心富足的生活的最大障碍不是来自于外界的压力，而是自己内心那么多不可割舍的过去，多年打拼下来的"资本"，这些资本可能是个头衔，一套房子，一份稳定可观的收入，也可能是熟悉的人际关系圈子或一家合口味的餐馆，一个住惯了的城市。我们像一只寄居蟹恐惧离开令我们倍感安全的壳，但若无法改变自己，我们无法期盼世界有所改变。"舍弃"往往比"夺取"需要更大的勇气。

什么是有价值的人生？绝不是纯粹为了满足个人欲望的人生，有价值的人生是富含意义的人生。虽然这意义往往需要你历经多年的困惑去寻找，虽然这意义需要你付出比他人更多的艰辛劳作，忍受更多的误解甚至是批判。当某些远离本质的东西不知不觉地充斥着我们的生活，慢慢地，我们开始以为它们是支撑生活不可或缺的事物，当奢华浪费享乐至上正逐渐成为现代时尚的代名词之时，对真实、正直、清贫、高尚、利于众生的生命价值的追求才显得尤为可贵。我非常喜欢佛家对"尘世"这个词的解释："生活的尘世，既非极乐，也非地狱，而是一个堪忍而又蕴含生活趣味的世界。"

在这尘世中，你的人生就是你要传递的信息。在这注定要归还的生命里，你所有的作品，你获得的所有文凭、证书、奖项都不及你选择怎样去活更能说明你是一个什么样的人。

在无用工作室的生活平静而充实，令我重拾对万事万物的珍视之情，没有什么获得属于必然，如果我们不能珍惜今日所有那么我们势必丧失得更快。在这来之不易的平静而真实的生活之外，却仍然有几件令我辗转反侧，夜不能寐的事情，如果你知道一个人的快乐却不曾知晓他（她）的痛苦，那么你根本算不上了解这个人。

三件夜不能寐的事

有三件事让我夜不能寐。

让我夜不能寐的第一件事是生态危机连绵不断与物种的快速消亡。

A.先看看发生在中国土地上的生态问题：
水土流失已严重威胁着人们的生存，成为中国头号生态问题。据统计，目前全国水土流失面积已达367万平方公里（占全国总面积的38.2%），并以每年近1万平方公里的速度在增加，长江、黄河等大江大河流域生态环境因此日趋

奢侈的清贫，马可

摄影：周密

图片：无用提供

恶化，沿江、沿河的重要湖泊、湿地日益萎缩，洪水威胁加剧。同时，全国荒漠化土地面积已达263万平方公里（占全国总面积的27.4%），并继续以每年2460平方公里的速度扩展。受荒漠化影响，全国40%的耕地在不同程度地退化，每年造成经济损失达541亿元，相当于西北5省3年的财政收入。水与土是人类生存的根本，水土不存，人将焉附？水土流失无异于民族在流血，在21世纪，水危机将成为中国社会经济发展的重要"瓶颈"，我国人均水资源只有2000多吨，是世界人均占有量的1/4，为世界上13个贫水国家之一，现在我们可利用的水资源已越来越少，而日益严重的水污染又使得我国水危机"雪上加霜"！目前我国每年的废污水排放总量已经达到了620亿吨，相当于全国每人每年排放46吨的废污水，而其中大部分未经处理就直接排入了江河湖泊。

素有"人间最后一块净土"之称的青藏高原近年来也出现了气候异常，神秘而圣洁的青藏高原被称为"亚洲水塔"和"万河之源"，仅发源于此的七条亚洲重要河流的流域的总人口就达13亿，其生态之重要不难想象。现在西藏年平均气温以相当于全国增温率的4倍以上的速度升高。今年夏天，西藏一系列极端气候事件备受瞩目：30年不遇的大旱、冰湖溃决引发罕见洪水、拉萨今夏达到历史最高气温：7月24日午后，拉萨气温达到1951年有气象记录以来的历史最高值30.4摄氏度。而截至今年6月22日，拉萨已有230天无有效降水。与此同时，西藏山南地区错那县却经受了青藏高原上罕见的洪灾。"世界屋脊"上多年不见的大批蝗虫出现在日喀则乡村。随着气候变暖，喜马拉雅山脉已成为全球冰川退缩最快的地区之一，一旦青藏高原冰川融水枯竭，中国及东南亚部分地区将进一步陷入水资源困境，生态环境和人类生产生活可能遭受的损失难以估量。气候变暖造成青藏高原冻土退化，同样令人忧虑。一旦冻土退化破坏植被，减少地面吸收的太阳辐射，青藏高原热源作用减弱，会引起亚洲夏季风强度变化，造成印度北方干旱，加剧中国夏季降水"南旱北涝"分布。从更广阔的视野来看，青藏高原本身就是影响地球气候的一个重要因素。它巍然屹立于世界之巅，牵动整个北半球甚至全球的大气环流。研究表明，青藏高原热岛作用的辐射气流可以影响到中东与北美地区。气候变暖加剧了青藏高原水汽蒸发，从而进一步加速全球变暖，可谓牵一发而动全身，这里的一点细微的气候变化都可能波及全中国乃至全世界生态环境。

B. 让我们再把视线转移到地球上的热带雨林区，巴西圣保罗大学的科学家提醒世人亚马逊的热带雨林正在被"草原化"：

以目前的森林大火发生频率和砍伐速度，在未来50年至100年内，亚马逊热带雨林将有60%消失殆尽，至少也会有20%到30%的丛林转化为草原。亚马逊热带雨林是世界最大的热带雨林区,总面积750万平方公里(占世界现存热带雨林的1/3,其中87%在巴西境内)。随着巴西的经济发展,大量移民涌入亚马逊雨林地带,为了向大自然要地要粮,人们使尽了各种手段夺林造田。随着公路和铁路干线的不断延伸,农民进入原始密林深处砍烧垦殖。在垦荒过程中,重型拖拉机开进森林,人们将树木砍倒,再放火焚烧。在过去30年中,这一世界上最大的雨林区的1/6已遭到严重破坏。巴西的森林面积同400年前相比,整整减少了一半。专家指出,热带雨林的减少不仅意味着森林资源的减少,而且意味着全球范围内的环境恶化。如果亚马逊的森林被砍伐殆尽,地球上维持人类生存的氧气将减少1/3,"地球之肺"将难以呼吸。而且由于破坏严重,亚马逊雨林现在每天都至少消失一个物种,数年后,至少有50万至80万种动植物种灭绝,雨林基因库的丧失将成为人类最大的损失之一。

与亚马逊的命运相仿,世界第二大的热带雨林地区,位于东南亚的婆罗州的雨林资源也遭到了惊人破坏。今年5月我去马来西亚考察途中从空中俯视婆罗洲,看到面积巨大的原始森林被砍伐后种植的漫山遍野的油棕林,令人触目惊心。近年来,印度尼西亚和马来西亚的财团企业在利益驱动下,砍伐森林,出口木材换取外汇;同时,毁林开荒种植油棕树,其果实可加工提炼成为成本低廉的棕榈油,广泛用于餐饮、食品加工和日用品的生产制造,例如方便面,食用油(调和油、色拉油等),液体洗涤剂、化妆品、香皂、洗衣粉等。中国是世界第一大棕榈油进口国和消费国。目前全球对棕榈油的需求高达每年4100万吨。《星期日泰晤士报》援引一项调查报导,全球几乎一半的化妆品和加工食品中都含有棕榈油。联合利华公司是全球棕榈油最大买家,每年购买棕榈油高达130万吨。力士(Lux)等食品和日化产品中都含有棕榈油成分。还有大家非常熟悉的雀巢"奇巧"巧克力、宝洁"品客"薯片和"玉兰油"化妆品等,当你在享用这些产品时,你能意识到它们与亚洲热带雨林被毁的关系吗?

据估计,棕榈油产量在2030年将翻一番,到2050年则翻两番。当地政府正在实行种植100万至150万公顷油棕的计划,这个面积相当于其国家公园及野生动物保护区总面积的2~3倍。马来西亚超过8万平方公里热带雨林因油棕种植遭到破坏,印度尼西亚的热带雨林毁坏面积则达到10万平方公里。联合国环境项目(UNEP)一篇新的报告,印度尼西亚每年遭非法伐木者砍伐的森林超过210万公顷(合:520万亩),每年非法木材产业价值达40亿,报告警告说,到2022年,98%印度尼西亚低洼地带的森林将消失,并将导致红毛猩猩等多种野生物种灭绝。印度尼西亚出产木材中88%都是非法砍伐的。由于全球棕榈油需求量的猛增而不断扩张种植园,到2007年初,印度尼西亚的种植园面积达到

600万公顷，而马来西亚也达到了400万公顷。印度尼西亚开垦林地时森林燃烧释放大量的二氧化碳已使印度尼西亚成为世界第三大温室气体排放国。在商家的大力推广促销中，这些以东南亚国家数以千万亩热带雨林和泥炭地惨遭破坏，千万种珍稀动植物灭绝为代价换来的廉价棕榈油就这样悄悄吃进毫不知情的人们的口里，流淌在身体上的沐浴露中……

C.北极地区的气候变化也令人忧心忡忡：

2006年9月，海冰最小覆盖面积为570万平方公里，至2007年夏末则骤降至428万，比2005年的最低值还要再少约100万平方公里。自1979年到2007年的28年间，北极海冰的夏季最小覆盖面积降幅已高达每十年减少10%。IPCC（联合国政府间气候变化专业委员会）曾经预测，北极海冰会在2070年的夏天彻底消融，更悲观的认为会在2040年。中国极地研究中心极地海洋学研究室主任孙波说："2007年出现的这个海冰覆盖面积的最小纪录，远远超过了数值模拟的结果。于是有科学家将北极无冰的日期提到了2013年，如今的气温已达到了4个世纪以来的最高水平。"在过去几十年中，北极海冰的整体厚度减少了40%以上，多年冰已变得不堪一击，而这是一种不可恢复的消融。

观测证据表明，北极对全球变化的响应比南极更加直接。作为大气与海洋相互作用的产物，海冰对气候变化的异常敏感使它成为人们研究气候变化的指示器。此外，北极的一个重要作用还在于它可以在很大程度上控制地球的热平衡，左右全球的气候动向。科学家预言，在全球变暖的大背景下，北极的融化和解冻已经不可逆转，这类变化已经引起了一系列全球范围的连锁反应。气候变暖将使冰冻在北极地区的大量泥炭解冻，那里储存着高达全球14%的二氧化碳，数据表明，永冻土中约含有16720亿吨的二氧化碳，而现今大气层中蕴含的二氧化碳仅为7800亿吨，冻土的碳含量比大气层的含碳量多了两倍。这样就可能把二氧化碳释放进大气中导致气候进一步变暖，不仅会影响北极地区，而且必将导致全球温室效应进一步加剧，大气涡流因此而产生突变的严重后果超乎想象，科学家多年的研究表明，气候变化发生不可逆转的影响也许是瞬间的事情，这将给世界带来灭顶之灾。

D.如此严峻的环境危机也给世界上的动植物带来厄运重重。

世界物种保护联盟公布"2000年濒临灭绝物种红色名单"称：地球上大约有11046种动植物面临永久性从地球上消失，其中包括1/4的哺乳类、1/8的鸟类、1/4的爬行类、1/5的两栖类和近1/3的鱼类。目前，地球上约每小时就有一种生物灭绝，每年有1.75万种生物消失。工业革命以来的近200年，伴随着人口数量膨胀和经济快速发展，野生动植物的种类和数量以惊人的速度减少。目前物种的丧失速度比自然灭绝速度快1000倍，比形成速度快100万倍。从1970年到2002年，地球的森林覆盖率缩小了12%，淡水资源减少了55%。科学家通过考察发现，许多物种数量已经减少了一半。生物资源的过量消耗和物种的大量消失，不仅破坏了生态系统的稳定，而且进一步削弱了工农业生产的原材料供给能力。目前全球与野生动物有关的非法走私的货币规模至少达到60多亿美元，是仅次于军火、毒品走私的第三大非法贸易。1公斤麝香高达5万美元；1条藏羚羊绒围巾价值3.5万美元。最新消息：全球野生虎数量从100年前的10万只锐减至如今的不足3200只，专家预测在下一个虎年2022年来到时野生虎将在地球上消失。

E. 与野生动植物大量灭绝相反的是世界人口却以惊人的速度在增长：
1950年，世界人口只有25亿，1987年增加一倍，达50亿，1999年为60亿，到2006年2月，全球人口已达到65亿。根据联合国各成员国人口普查统计数字编写的《全球人口展望》报告，2009年3月的全球最新人口统计数字为68.5亿，到2050年全球人口将增长到92亿，若生育率有所提高，将超过100亿。早在上世纪中叶，美国学者保罗·埃利说："我们将会被我们自己的繁殖逐渐湮没"，警告全球人口爆炸将成为威胁人类可持续发展的定时炸弹。人口数量急剧膨胀，意味着地球资源、能源的过度消耗，意味着人类赖以生存的环境遭到破坏，意味着地球生态系统受到严重威胁。短短40年后，世界人口达到100亿时，地球上的水、土地以及其他资源的承载能力将达到极限，那时地球资源被消耗殆尽，人类将何以为续？

当前气候变暖、资源匮乏、物种灭绝、人口过剩、环境污染、土地沙化、水土流失、水危机、生物链失衡，加之大气污染、土壤酸化，自然灾害频繁发生，严重威胁到全人类和地球上所有生灵赖以生存的唯一的家园！人类历史中所有的文明和发展，都离不开生态环境各要素的"综合支持"。全球生态问题的日益突出，不仅对国家的社会经济发展构成了挑战，更严重威胁着世界各个国家的安全稳定。地球环境是一个有机的共同体，人类与野生动植物，自然生态环境的关系可谓唇齿相依，德国大慈善家史怀哲（Albert Schweitzer）说"除非人类能够将爱心延伸到所有的生物上，否则人类将永远无法找到和平"。

有人预言：环境生态问题将成为21世纪战争的根源。这绝非耸人听闻，人类进入21世纪，随着全球资源的日益短缺和生态环境的恶化，维护国家生态安全已成为世界各国共同面临的课题。恩格斯在《自然辩证法》里早已明示：环境的恶化是文明的丧钟，而敲响这一丧钟的，恰恰是人类自己。造成生态恶化的原因固然很多，而急功近利，盲目追求"高速度"，不惜以牺牲环境作为代价来谋取经济发展，把环境保护长期排斥于经济发展之外等"短视"行为却难逃其责。环境问题的实质是"人"的问题——人性中的自私、贪婪、狭隘和偏见给地球万物带来了难以愈合的创伤，当然也包括我们人类自己。

让我夜不能寐的第二件事是奢华之风盛行的同时，地球的另一边却发出痛苦无助的呻吟。

根据世界奢侈品协会(WLA)发布的信息，目前世界奢侈品消费前三名国家分别为日本、中国和美国。08年中国奢侈品消费以总额86亿美元（占全球的25%），首次超过美国夺得亚军。几乎所有奢侈品牌在中国都有分店，有超过1亿的中国人购买奢侈品。2004年中国奢侈品消费为20亿美元，到2008年为86亿美元，根据贝恩咨询的《全球奢侈品市场报告》，2009年中国奢侈品消费达到96亿美元（约640亿人民币），占全球市场份额的27.5%。但是这些资料仍无法对中国奢侈品消费做出完整的判断，事实上，根据该调研报告，2008年除了在内地消费外，中国内地消费者还在境外购买了大约116亿美元的奢侈品，即总额超过200亿美元（约合1410亿元人民币），2009年增加到1556亿元人民币（同比增加10%），此数据仅是中国内地消费者在购买奢侈品的开销（不包括服务、酒店、餐厅、酒类、奢侈汽车和游艇、私人飞机等）。美国波士顿咨询公司2010年3月发布的研究报告则更为乐观：预计2015年中国奢侈品消费总值将达到2480亿元人民币。中国取代日本成为全球首位奢侈品消费大国指日可待。

中国内地奢侈品消费爆炸式的增长，与在过去的2年间金融危机影响下的全球成熟消费市场奢侈品消费一片惨淡的状况形成了鲜明对比：经济衰退以来，全球奢侈品消费的总规模从2008年的1670亿美元，下降到2009年的1530亿美元(预计)，同比下降达到8%。而中国奢侈品消费近年来一直保持20%以上的增长速度（高于GDP增长的3倍）。事实上，中国已经迅速从一个奢侈品加工基地，变成一个奢侈品消费基地，中国将持续带动奢侈商品及服务的需求，也是全球众多奢侈品牌一致加大力度拓展的重要市场，在欧美市场衰落时，中国却成为地球上新崛起的"奢侈品的天堂"，为各大奢侈品牌在席卷全球的金融危机中提供了一个安全舒适的避风港。

美国经济学家凡勃仑1899年在他的《有闲阶级论》一书中就将美国当时的富人消费称为"炫耀性消费"。在他看来，为了赢得社会尊重，有闲阶级的成员总想通过生活上的炫耀来显示自己的阔绰和与众不同的身份。在他们的带动以及商家与媒体的推波助澜下，社会浮躁之气弥漫、攀比之风盛行，甚至影响到低收入成员的消费方式和价值观念。中国是一个发展中国家，人均收入不及美国1/14，世界银行今年4月发布的一份报告指出：按照国际标准（每人月均收入255元人民币）计算得出的中国消费贫困人口数为2.54亿，在国际上排名第二，仅次于印度。与此相对应的却是2008年中国在世界奢侈品消费中超过美国跃居第二，如果任凭对奢侈品的过度追求腐蚀社会风气，就有可能在社会上形成一种以奢侈为荣的风气，这将是比自然灾害气候危机还可怕的局面，贪图享乐追求奢华宛如这个和平时代的精神鸦片腐蚀着人们的心灵，消磨着人性中最宝贵的意志。以研究奢侈品著称的德国学者桑巴特曾这样写道："人们浪费自己的收入，尽情挥霍财产，奢侈像无底洞吞噬了一切……"这些话虽然写在一百年前，但现在似乎并不过时。

粮农组织食品与营养部主任John Lupien说："如果你将全世界看成一个整体，那么世界的粮食产量足够养活每一个人，一天都不会有人挨饿，但事实并非如此，因为不合理的粮食分配制度才是真正的问题。"由于不合理的分配制度，致使在贫穷国家看来十分宝贵的粮食资源，被富裕国家随意地挥霍掉了。如果我们人类不能学会像一家人那样共同解决世界的问题，那么世界上的很多问题都很难解决。

人类的奢侈祸及地球，人类目前对地球资源的掠夺性使用已经大大超出了地球能够承载的能力，甘地曾一语道破资源匮乏的实质："地球提供给我们的物质财富足以满足每个人的需求，但不足以满足每个人的贪欲"。在过去30年，人类的消费已经翻番，并每年持续增长，地球上已经有1/3的资源被彻底毁灭。专家们称：如果人类继续保持目前的高消费水平的话，50年内海洋鱼类将灭绝，吸收二氧化碳的森林将被彻底摧毁，淡水将被污染，变得极端稀缺。人类如果不节制自己奢侈的生活方式，科学家将必须在50年内找到可供移民的星球，而这将是"不可能完成的任务"。所以人类其实只有一条路可以选择，那就是从现在开始大量削减生产和消费，除了生活必需品的制造和消费，避免其它一切非必需品对自然资源的消耗。世界自然基金会（WWF）特别强调：高消费方式应该对地球生态资源日益枯竭负主要责任，各国领导人亟待采取切实措施，遏制过度消费及人口膨胀对地球的不良影响。

我们不能因为看不到这些每天在同一个地球上发生的残酷事实就否认这些苦难的存在，也不能因为今天我们尚有饭吃有水喝就不去关心留给孩子们的未来是

奢侈的清贫，马可

摄影：周密

图片：無用提供

什么，孤立无援的北极熊绝望地抓住最后一小块浮冰的惨状对于我们人类就是一个再真切不过的预言：今天是它，明天就是我们！地球上万物一体，密不可分，人类的命运和任何物种生灵的命运完全一样，从来都是一荣俱荣，一损俱损！这是亘古不变的自然法则。

第三件让我夜不能寐的事情是随着全球城市化进程加剧，世界各民族的传统文化正迅速地消亡。

联合国教科文组织2008年发布的世界语言调查显示，目前全世界尚存的6900种语言当中有大约2500种语言（占总数的36%以上）处于濒危局面，比2001年发布的濒危语言数量增加了好几倍。目前，有199种语言的使用人数不足十人，178种语言的使用人数在十人到五十人之间。另有200多种语言在流传三代后即将消失。世界各地虽然经济发展情况各异，但各种语言正以极快的速度"死亡"却成为普遍现象。一万年前地球上的大约500至1000万人使用着12000种语言，现在地球人口已达67亿，语言种类却锐减到六千多种。据语言学家估算，现在平均每两周就有一种语言从世界上消失，到本世纪末，全世界剩下的语言将不到600种，即世界90%以上的语言将会消失而被主流语言取代。学术界指出，目前中国的120多种语言中有近一半处于衰退状态，其中的20多种语言使用人口总数还不足1000人，处于濒临消亡的边缘。

当今中国各地都非常重视主流文化和科学知识的系统教育，这毋庸置疑，但少数民族传统文化的教育则相当薄弱，单一的文化教育制度和模式导致了各民族多元文化和本土知识体系传承的困境甚至中断，很多少数民族年轻人对自己的民族历史、文学艺术、文字、宗教信仰、地理生态、动植物知识的了解越来越少，这就导致了民族个性和特色的不断丧失，同时也动摇了产生民间文化精英的根基和土壤。仅以云南省为例，当地无文字民族的优秀民间艺人现仅有500多人，再过10多年，他们当中的绝大多数将过世，如果不抓紧时间组织人力物力把这些民族的口碑文化记录抢救下来，这笔宝贵的文化遗产将永远离我们而去。这种"最后的民间文化精英"的现实，反映出一个危机，即凝聚着各族祖先世代相传的智慧和创造性、民俗的丰富性、民间艺术的审美等多元文化世界正在不断趋同于主流文化，一个失去民族多样性的世界将变得多么单调和乏味！

所以，无论是传统文化的繁荣，还是保护，都要看它是否和我们的生活方式有内在的联系，它是否能作用于人们的价值观念、历史意识和审美趣味。如果我们不是在这个层面上讨论传统文化的繁荣或保护，那么就只是把传统文化作为一个没有生命的躯壳来对待。"

传统文化的丧失源于生活方式的改变，而生活方式的改变则来源于人类在进入工业社会以来不断加快的城市化进程。联合国2008年2月26日发布报告称，随着亚洲和非洲的城市化进程，2008年底，人类城市人口已达33亿，占全世界的总人口的一半；预计在2025年之前，全球将新增八个千万人口的超级大都市，深圳是其中之一；到2050年，世界城市人口更将占到总人口的七成即64亿。报告预测，在城市人口增多的同时，全世界的农村总人口持续下降，从2007年的34亿将下降到2050年的28亿。2008年底中国的城镇化率是45.7%，麦肯锡全球研究院预测，按照现在的发展趋势，到2025年中国城镇人口将达到9亿，城镇化率达到66%。

全世界城市化进程如火如荼，不可避免地加剧了城市人口、土地、资源、环境和文化遗产保护等方面的矛盾，给文化遗产保护带来了极大冲击，文化遗产所承担的压力和风险不断加大。在世界很多地方，尤其是亚太地区和像中国这样的文物大国，近年来很多城市景观和人们的生活方式已经发生了根本性的改变，一些传承千百年的有形和无形的文化遗产，随着人类心理、自然环境和小区活动的改变而陷入危机，一些历史地段迅速消失，很多传统民间文化遗产面临消亡。国际上有人提出：经济一体化，文化要多元化、本土化。但是如果人类社会一味将经济发展作为社会进步的单一指标来追求，文化艺术随同经济一体化的同质化和商业化趋势将无法避免，而商业化了的文化艺术还能称其为真正的文化艺术吗？标志着人类区别于其他物种的信仰、神性和智慧的文化和艺术也就彻底丧失了实质和灵魂，成为人类文明的陪葬品了。

每一个民族都有自己独特的传统文化，每一种文化都有其优秀的精华，世界上没有哪一种文化是可以替代另一种文化的，世界上也没有哪一种文化比其他文化更优越。世界的魅力源自于它的丰富多彩，人类文化的多元性就是世界文化的特色。单一化的文化发展注定是人类的失败，如果人类文化的发展失去了丰富性与多元性，那么很多人性的价值也会一同消亡。

"传统不是一件衣装，可以遮掩现代文化的虚骨弱肌；传统不是一只花瓶，可让时尚的花卉变得典雅；传统是根基的土壤，传统是命脉的血液……"，植根于中国民间传统的艺术家吕胜中这样描述他心中的传统:这些传承了千百年来的民间文化已经成为世界各民族的重要基因，留住这些文化，不只是留住人类的美好记忆和赖以生存的精神家园，更是为了世界各民族还能保有一个真正的未来。

适可而止，能而不为

让我寝食不安的三件事情之间是否存在着必然的联系？使人类文明延续了几千年的各民族传统文化和道德伦理受到近一两百年席卷全球的工业革命和商品经济的大潮冲击，在物质财富的极大增长中，人类的贪欲也被无限地放大，从而使人们摆脱了传统道德习俗的束缚，目前大部分人类的价值体系和生活观念已经发生了巨大的改变。19、20世纪以来英美国家的物质文明成为世界各国纷纷仿效的参照物，在此基础上，对物质利益无节制的追求导致奢侈之风盛行，人们开始占有越来越多的物质直至最后成为物质的奴隶却难以自拔，还误以为物质的极大丰富就是社会发展进步的代名词，而毕竟地球的资源是有限的，当财富在一小部分人中急剧积蓄时，另外一部分人类及整个生物圈势必为之付出惨痛代价，严重的贫富不均又成为社会动荡不安、恐怖主义滋生的沃土，致使天灾人祸层出不穷，气候危机逐年加剧，过于膨胀的人类已经容不下其他生命物种存在于同一星球上……中国道德伦理信奉因果关系，自然界中的万事万物从没有能孤立存在的，气候与环境的危机仅仅是事物的表象，而更深层次却反映出人性的弱点带给这个世界的灾难——我们无法逃避的人类过往的短视，自私，贪婪，狭隘所累积的后果，追根溯源，气候危机和金融风暴的背后正是人类价值观的危机。

面对一个这样的世界，设计师无法继续以往以追求经济快速发展，利益最大化为原则的工业时代的身份，爱因斯坦曾说，"要渡过危机，无法依赖造成此危机的思考方式"。在21世纪，设计师不应该是一味只为展示自我个性，创造短时间流行的消费促进者，我们所面对的危机不再是区域性、国家性的范畴，这是历史上首次需要全人类共同去面对、去解决的问题，在这个危机面前，人人有责，人人平等，无一例外，这危机让全世界的人们深切地意识到：我们是一体的，无论发达还是发展中国家，无论贫穷还是富裕，无论大都市还是小乡村，我们彼此互相依存，不能取代。我们生活环境的创造者——设计师们，不能再关上设计室的门自我陶醉地发奢华之梦了，如果你亲眼目睹过一个真实的世界，就会对这个时代真正需要设计师承担的责任有全新的认识。个性时代已无法延续，而共生共享才是整个生物圈（当然包括人类）得以延续的唯一方法，这一半出于人类的生存之必需，另一半出于人性的不断超越之必需。

我们迫切需要在全世界建立环境道德伦理观念，人类的每一项发明创造必须以全球众生的利益为前提，人类的聪明才智不应是自私地对大自然和其他物种的巧取豪夺，而应该是懂得节制自律的智慧，主动放弃诸多对自己方便却以环境和剥夺其他物种的生存为代价的行为。我对21世纪的设计师的责任做出以下归纳：

1.生态责任（对于未来的责任）
设计师有责任首先考察其设计的产品在制做的整个过程里对地球生态造成的负面影响，拒绝做单纯追求商业利益而破坏环境的产品，而且尽可能有节制地使用自然资源，一旦采用则从一开始设计便要考虑产品的长期使用及循环利用，不做短命的流行性产品和一次性产品。

2.道德责任（对于现在的责任）
设计师的敏感度和创造力不仅反映于专业的把握上，更应该体现在对社会先知与良知的角色承担上。设计师必须是一个有态度的人而非一味投顾客所好的工匠，设计师出于良心立场不应无条件地满足市场的需求。设计师有责任只提供生活必需品而拒绝做奢侈品。不做过度的设计，仅恰如其分地表达，不过分地刺激人们的感官欲望而企图引发更多的盲目消费，以期更大的商业利益。设计师在社会上承担社会良知的角色，首要必备的素质是：诚实正直，不为利益名誉出卖灵魂。

3.文化传承责任（对于过去的责任）
设计师有责任深入发掘本民族的文化精髓。我们生活在一个充满着前人的智慧和创造的世界上，这些文化的积淀使我们受益匪浅，我们有责任对这些财富加以保护、传承和再创造，留给未来的人类，而不是在我们的时代中断。最好的传承不应仅仅在博物馆，而应该是贯穿于我们的生活中，通过创造力令这些传统焕发新的生命力，使之为当下生活带来高质量的实用性及高尚的情趣。

英国著名历史学家汤因比说过："19世纪是英国人的世纪；20世纪是美国人的世纪；而21世纪就是中国人的世纪。"净空法师对此的解释："21世纪是中国人的世纪，不是指中国的政治，也不是中国的军事、科学技术，更不是中国的工商业，而是指中国文化，就是'儒释道'的学说。这个学说在21世纪会发扬光大，就能带给全世界安定和平。文化不分国界、种族、宗教，它是全世界人民的智慧财产。"汤因比博士赞叹：中国大一统的局面在全世界找不到第二个，中国两千年来改朝换代，一直到现在还是大一统的国家。欧洲曾经出现过罗马帝国，但是一千年之后灭亡，再不能复兴了。全世界现在能找到统一的局面，只此一家。中国人千万年来在这个世界没有被淘汰、灭亡的原因是什么？净空法师给出的答案："就是有伦理道德的教育。人伦的大道是什么？就是符合自然的秩序。春夏秋冬四时的运行是自然秩序。人伦的自然秩序：父子、夫妇、兄弟、君臣、朋友，这是讲人与人的关系，这个关系是自然的，不是哪一个人制定规划的，自然就是道。遵守自然的法则，父慈子孝，兄友弟恭，君仁臣忠，朋友有信，这是德。古圣先贤无不重视伦理道德的教育。'以道治国，以德化民'，这是中国几千年来，历代的圣王教化全国人民的根本！"

中国传统文化提出"天人合一"的理念，主张人和人、人和社会、人和自然的和谐共存，儒家追求的最高境界就是"天下大同"，这也是为什么在人类进入这个多灾多难，危机四伏的21世纪时天降大任于中国的原因，中国古代圣贤的教育里没有竞争，竞争的教育是从西方引进的，竞争的观念给世界带来很大的灾难：竞争提升就是斗争，斗争提升就是战争，战争提升就是世界的毁灭。唯有中国的一个"和"字，高度概括了中华文明的精神特质。林语堂在《中国人》一书中指出："宽容是中国文化最伟大的质量，它也将成为成熟后的世界文化的最伟大的质量。"

汤因比博士的著作《人类与大地母亲》的结束语发人深省："在人类文明的世界中，人类之爱应该扩展到生物圈中的一切成员，包括生命物和无生命物。生物圈包裹着地球这颗行星的表面，人类是与生物圈身心相关的居民，从这个意义上讲，他是大地母亲的孩子们——诸多生命物种中的一员。人类具有思想意识，他能明辨善恶并在他的行为中做出选择。在伦理领域，人类行善或作恶的选择为他记下了一部道德帐。人类将会杀害大地母亲，抑或将使她得到拯救？如果滥用日益增长的技术力量，人类将置大地之母于死地：如果克服了那导致自我毁灭的放肆的贪欲，人类则能够使她重返青春，而人类的贪欲正在使伟大母亲的生命之果——包括人类在内的一切生命造物付出代价。人类将何去何从？"

2009年10月28日，北京Icograda国际设计大会的演讲稿

左起：何哲，沈海恩，臧峰

摄影：众建筑

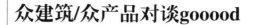

众建筑/众产品对谈gooood

1. 为什么选择把办公地点放在北京胡同里？遇到了什么好玩的事儿没？跟大家分享下。

众建筑/众产品：我们把办公室设在北京城区最中心地段的胡同里，将自己置入最日常的环境中，在其中观察生活、试验设计、找寻灵感、获得启发，与最具体的大众现实为伴。这样做是因为我们希望自己的设计最终能够面对真正的使用者：大众，而非其他。

我们的办公环境很具有画面感：故宫东侧北池子大街的胡同里每天都车水马龙，有的是政府官员，有的是迷途的外国游客，也有踏步行进的武警战士或骑三轮车穿街过喊"羊肚羊肝"的小贩，以及很多很多的"大妈""大爷"。这里并不浪漫：下水道会有气味，大妈会吵吵闹闹、邻居会不时大动干戈。而在一门之隔的工作室里，有人在这边画着图，有人在那边打着电话、争论着设计，可突然又听见外面的吐痰声，再配上点背景音乐什么的，相当蒙太奇。记得一次，公司正在开会，外面传来了个新鲜的声音"收旧手机收长头发……收旧手机收长发……"渐弱渐强，办公室瞬间就爆炸了，有同事立马跑出去一探究竟。

2.在这种地方办公你觉得对设计有什么影响没有？

众建筑/众产品：举几个例子：

办公室外穿梭而过的改装三轮车（游客三轮车，货运三轮车，家用小三轮车）直接导致我们设计出了"三轮移动房车"。

从办公室四合院的生活经验中，认识到了老房子的各种问题：产权纠纷、空置、保温性差、密闭性差、设备老化、梁柱开裂等等。针对这些问题，我们提出了原样保留建筑，直接插入"内盒院"的想法。

早餐铺、小餐馆的家具再利用问题使得"圆凳椅"诞生；胡同老人家中的老条凳使得我们产生了重新设计条凳的念头，能够适应工业化生产的"众条凳"；胡同中的交通问题使得我们产生了设计电动踏板车的念头……

可以说胡同的环境帮我们看清了很多社会问题，我们想利用设计来解决这些问题，但是这些解决方法必须依靠现实的社会经济方式，而非陈旧的回忆或虚渺的幻想。

3. "三轮移动房车"的确有城市另外一面的现实劲儿，同时不失态度。你们还有一个装置艺术作品"圈泡"，这个也挺落地的。请问你们对待装置艺术，建筑设计，工业设计这三者的态度是什么，对你们来说区分大吗？三种创作交互运作，产生过哪些有趣的碰撞？

众建筑/众产品：并不觉得我们的工作中有装置艺术这个类型。但我们会做一些概念的东西，这些东西里有我们想表达、想与大众沟通的概念。一般来讲这些概念的设计会比较夸张、思路比较清晰，如果大众的反馈是积极的，我们会进一步发展出适合工业生产的建筑或产品，到这个阶段就要做很多更细致的工作了。

建筑与产品对我们来说，都是在寻找解决与人相关问题的可能性，只是在不同层面而已。可以说这两个范围对我们而言从未分离，并且一直在互相影响。如我们试图让产品设计去处理空间关系，去试图联系使用者；让建筑设计能够照顾到更多使用者的具体情况。两者殊途同归。

当然两者面对的范围与常用的方法是有区别的，如建筑其实常为定制设计，产品会对工业化有严重的依赖等。但我们正在努力制造两者之间的设计情况。既可称为建筑，也可称为产品的设计项目。如三轮房车，它能住人，但不是建筑。它能移动，是三轮车，可比一般产品要大很多。

但是三轮房车所包含的"对土地问题的探讨"及"可以收纳的软结构"等想法发展出了我们接下来的模块化的内盒院和圈泡帐篷。它们都是介于建筑与产品之间的项目。

4.创作工业设计，你们遇到最大的挑战是什么？

众建筑/众产品：若仅指设计，常见问题是自己能够克服的，如工具、材料寻找、技术寻找、技术厂家寻找、制作等。但因为国内并没有成熟的产品设计的市场环境，我们不得不还处理品牌的工作，如策划，调研，市场，质检，运输管理等所有的事情。在中国似乎无法成为一个独立的产品设计师。

此外就是当设计进入生产环节。工厂追求更多的是效率，更习惯做固定的产品。创新对工厂来说是件冒险的事情，因为他们需要停下流水线上的作业，与设计师进行切磋磨合。所以找到合适的工厂与专注的工人也成了一件拼人品的事情。

5.我看到凹凸桌的一些细部相当特别精致，但是这些细部也会抬高造价。你们会为了销量，而简化作品丧失部分品质但保留概念原型，让更多人使用到吗？为什么？

众建筑/众产品：我们一直在努力简化凹凸桌。但凹凸桌的核心是类榫卯的固定方式，这是不能简化的，我们不愿失去它结构的本质。凹凸桌像一个被放大的榫卯组件，这个结构使得多个桌面的组合不需要再增加固定的节点，相互间可以实现严密的扣合。

6.这段时间邀请了詹远开题我们该聊聊住宅了。因为你们正在做一个不错的大型住宅区设计项目，所以网站有邀请你们作为回答嘉宾，在沟通过程中意外地发现你们最近还有一个项目——内盒院Courtyard House Plugin，是插入胡同老房子的小房子。看了一下资料，内盒院算是小型而独立的建筑，自带防水保温系统。你们甚至还做了产品手册。这种预制化，产品化和灵活化的建筑，你们做过市场调研吗？结果是什么？有多少潜在市场？每一个的零售价是多少？使用年限多久？一般的老板姓能否自行安装？如果请专业的人安装，安装费会占到总售价的多少？你们对这个项目最终的期盼是什么？

众建筑/众产品：内盒院主要是一个社会产品而非商业产品。这个项目其实是为北京大栅栏地区做的一个老旧四合院更新项目。但它作为一个试点项目，目的是提供一种全新的旧房改造方式，不是翻新，不是重建，只是插入一些高质量的预制化功能使用空间模块，为日后更多的老旧传统建筑能够使用。

大栅栏地区的老旧四合院现状是：随着人口的迁出和建筑的老化，四合院中留下了越来越多的空置房，无人使用，日渐残败。仍住在那里的居民也因为不稳定的环境与昂贵的改造费用而不愿意对现有房屋进行维护，房屋的保温、密闭性等性能得不到改善，形成恶性循环，居住质量越来越差。

内盒院以一种简单快速的方式实现了四合院的更新，并使之达到现代生活的使用标准。我们希望在尽量保留原有建筑完整性且最少影响原院中或周边住户生活的前提下，充分利用四合院中的空置房：在现有的四合院空间中直接置入预制的模块内盒。这些模块内盒整合有水、暖、电等设施，并高效节能，有较好的保温、密闭性能，而且非常的轻，可拆分成单元板块（分为墙、地、顶及门窗板块），现场安装快速简易，安装仅需最一般的工人即可，稍有经验的居民也可自行完成安装。通过这些模块内盒的置入，使得新的与旧的建筑被"蒙太奇"式地拼贴在一起。

在拥有两家原住户的大栅栏杨梅竹斜街72号四合院内，内盒院将会实现初次样品搭建。使用预制模块，搭建过程将会安静、快速。内盒院系统的制造成本并不会比一般改造装修的费用高，甚至会更低。主体使用50毫米厚金属复合聚氨酯泡沫保温板，具有良好的吸声性能，保温性能，节能环保。

这一计划最终将形成一个操作导则，可以根据不同四合院的要求，选择置入不同功能和大小的内盒模块。

7.众建筑成立4年左右，这四年发生了什么样的事情让你们印象最为深刻？（可以讲三人都觉得最深刻的，加上每个人单独的一件事情）

众建筑/众产品： 印象最深的是时常被当作工人。因为我们自己的习惯，喜欢亲手制作东西，经常会有周边的人认为我们是工人，提出些很不礼貌的要求，解释之后还不以为然。

建筑是综合跨学科的工作，建筑师需了解与掌握多种知识，如历史、文化、科学，也需要拥有广阔的视野，如全球化、城市、社会等，更应当拥有必需的技能，如木工、焊工、电脑软件等，这些都是进行创新的必要条件。而目前我们的教育与社会依然对劳作持有偏见，这也就决定了创新的式微与畸形。

中国的等级观念是这么的根深蒂固，在这样的社会中追求创新不仅是设计专业的事情，更是面对整个社会的战斗。

8.众建筑共有三位合伙人，据我所知，你们几乎所有的事情都要三人达成一致才会作出决定和执行。这在其他的事务所里面很少见，通常大家都有自己的打算和偏好，或者会有一方非常强势。你们是怎么做到这种高度统一呢？

众建筑/众产品： 高度统一也不会的，有差异、有不同的观点和角度才有讨论的意义。争吵是常发生的事，无论是我们之间还是与员工之间，但关键是对公司的发展方向和价值观标准要有一致的认识，仅就事论事，针对具体操作的争吵只会对公司有好处。

我们对公司的期望有一部分是希望它内部是一个相对民主的小社会，大家在这里可以畅所欲言，对公司的发展都能起到作用。

本文出自：http://www.gooood.hk

叶曼，王灏
摄影：程涛

结构漫步

李翔宁对话王灏

李翔宁：今天主要想谈四点，第一，住宅作为一种主要模式，居住作为一种反映生存存在的模式。第二，建筑的结构和构造。第三，作为一种乡村模式的乡村问题，中国在未来走向中，个体建筑师之于乡村的实践和互动关系。第四，作为个人建筑师，你的教育、背景和实践在作品中如何反映。

首先讨论住宅作为一种模式，在中国很少有建筑师把住宅作为专注的模式。住宅模式有几层关系，第一，古人在建造园林时把住宅作为一种存在方式，比如王澍用元代倪瓒的容膝斋图来反映自己的建筑哲学，容膝斋图里都是非常小的房子，小到只能将自己的脚放进去，从这个层面来说给自己造房子和给别人造房子是完全不一样的概念。如果与海德格尔的存在主义哲学类比，王澍或者中国文人的方式即他所说的三种方式：建、居、思——建造、居住、思考或哲学、思辨，这三种活动在造园的过程中是统一的。住宅建筑有特殊的意义，尤其是给自己建造住宅，所以第一个想谈你在春晓的自宅，能否从刚才这三种哲学存在关系——建造、居住、思考，来谈一谈你在建造春晓自宅时如何于其中反映你自己的居住经验。

王灏：现代中国建筑大都是与住宅无关的房子，比如王澍先生的美院建筑群，他试图在他的房子里深刻嵌入自己对生活方式的思考，"瓦山"是他最贴近住宅的房子，这个房子是他的思考集大成者，他称之为"密集的差异性"，反映他的生活方式。但是我们没办法强迫别人来适应自己的生活方式，一旦别人无法理解这些意图，它将导致一种深层思想的现实浪费。从谈论更广的园林层面看，中国建筑师大都把园林看作一种文学意象的物化，而我个人倾向于将园林看为一种古人住宅方式，这也是古人造园的源动力，古人讲究"无用而用"，在园林里"无用"的庭院占三分之二甚至五分之四以上，居住部分只占很小比例。园林中室内外空间的处理方式非常一致，比如铺地、材料的处理，也没有完全的隔断，只是一层纸窗或木板墙。我们赞美园林是因为它经过几十年的建造和思考，传承了一种居住的美学，将建筑与家具，及居者的审美、品性和个人修养融为一体。就像李老师说的，自宅实际上是把一些片段的朦胧的思想通过亲手的建造反应成显性的生活方式，就像佛教里的洞窟一样反映出一种原始、质朴的精神性，带有神秘主义和极强的象征性。它的使用功能处于相对低的层面，是被压抑的，它反映非常小众的、建筑师化的生活方式。比如在欧洲建筑师自宅中，萨伏伊别墅

（勒·柯布西耶设计）或者巴拉甘（路易斯·巴拉甘设计）的房子，整个住宅的状态并不清晰。对我来说，在建筑事业刚起步时是一个稳定思想的过程，通过不断地试错，对自宅不断地修改，把不稳定的思想在一个弹性的空间里实践，最终形成一个看似模糊实际清晰的东西，实现对精神性或者象征性空间的研究，因为这些东西在大型公建中实践的机会很少，中国也很少有宗教性的精神性空间可以尝试。我们几乎没有机会把空间做到精神性或者象征性的高度，带着这样的诉求做自宅就肯定会让住宅的性质发生变化。我经常说自宅就像个庙，它一半以上已经和居住没有关系，而是精神的愉悦和认同。它跟我身体的愉悦没有关系，我的身体感受到的是"自困"，精神却在自宅中得到释放。所以自宅对我有两个意义，其一这里让我确定了一些设计原则，其二让我了解当下中国的住宅还是有可能传承园林中蕴涵的精神性的东西。现在大家都用一种隐喻的更加复杂的文字佐证，实际上它以一种非常个人化的象征意义上对自然的崇拜而介入到住宅中。日本建筑师比较隐晦地表达这种精神性，我们经常看到日本建筑师运用原木和轻钢结构等来表达日本人的精神和空间的关系。所以我们说日本的结构也是有日本味的，可能它的加工和搭建方式和欧洲没有太大的区别，但是节点的设计很不一样。我认为这就是精神性和象征性起到的大作用，这种作用远胜于手法和材料本身，这也是我们国内缺乏的。首要的问题是中国的建筑精神性在哪里，然后才是构造的问题。我比较赞赏王澍的是他解决了房子精神性的问题，无论是画还是某个层面的指向都是无所谓的，最关键在于他抓住这一点，之后形状、材料、大小都无关紧要。

李翔宁：但是我觉得做一个住宅和自己的住宅很不一样，做一个普通住宅的时候，住宅的生命和设计的生命在完成时就终止了。比如你给你表哥设计的房子，你描摹了一种他的使用方式，但是最终还有不契合的地方。但是自己房子就不需要这样的任务书，因为你自己对自己的生活方式是非常清楚的，第二，即使在使用中发生了调试，设计还是不断在进行，中国造园实际上经历了好几代人的积累，才把园子建起来。住宅在不断调试，自己也要不断地调试，也会不断思考你自己的生活怎样运用这个住宅。如果住宅不适合了可以进行改造，在这个领域可以更多地体现自己的信息。我看过的住宅里面最感动我的还是巴拉甘的住宅，他的住宅绝对不是为一般人设计，在任何角落都有他自己的痕迹，比如他的门是按照他自己的身高设计的，他身高1米92左右，门就比自己高一公分，还有台阶和尺寸都是按照他自己的身体来设计的。房子跟摆设都用建筑的语言来处理，凝固在那里，比如他自己的卧室，他有一个非常喜欢的画，当他晚年得了帕金森综合症后不太能移动，他希望自己一醒来就能看到这个画，并且不希望佣人挪动房间里的摆件。所以这个房子比柯布西耶、赖特的房子更让我感动的是，他把自己的生命都融在这个房子里。这是一种最理想的状态。现在你怎样描述自己使用的房子？你和它的匹配度怎样？

王澍：这是一个慢慢磨合的过程。首先房子建造的时候经济相对紧张，最初的想法是房子的改造和设计期是十年，到现在三年了，房子的框架已经有了。李老师提到一种细腻的生活方式，在筱原一男的眼里生活方式远远比艺术性、象征性更重要，一个好的生活方式对宅子来讲是福音。我自己做住宅时会把喜欢的艺术品或者构造方式慢慢介入。它不可能是完美的，首先我自己不可能完美，其次时间还没到，我们绝对不会设想一个园林十年就可以完美。时间等于空间，一个优美的空间一定要一段非常完整的时间才能做到。假设庭院里需一株巨大的樱花树，仅仅把砍头树移进去就完全得不到原设想的状态，要等樱花长成我想要的状态可能需要十年或者二十年，这也就是真正一个好的房子绝对不能看他刚造完了是什么样，要看几年以后的。

中国人对东西的理解不是以"物"来对待，而是以"事"来对待，人一定要和房子发生感情，纠结了他才会认为这是一个好东西。这里面有个时间的概念。我不可能对新事物一见钟情，除非他已经是一个古董，已经有几百年或者几千年的历史。好的鉴藏家一般不会对新的家具发生兴趣，因为时间没到。在中国的审美中，时间等于价值，这也可以套用到房子上，任何一个裸露清水混凝土或者砖的房子，这种新砌的材料一定不会比等了三年或者五年以后感觉好，而且后面的感觉会更好。建筑师要考虑时间性的问题，因为时间性就是价值。房子最重要的是其中住的人，对房子精心的培养。其实很早前建筑师就有疑问，掌握专业技巧的建筑师有没有权利把自己的生活方式强制地通过构造、材料、空间的关系给予给房子买单的人。你要通过漂亮的表面来打动这些人，但是深层的东西能不能传递，另外业主对待房子会像自己宝贝一样去保养，才有可能出来经典的房子。这就是现在我对房子的看法，我认为中国人对待古玩的状态也是我现在对待房子的状态，你要把她看成一件事情，看成一件事情才会跟你有互动，产生亲密关系，它就变成你的身体的扩大的一部分。

李翔宁：第二个部分是讨论住宅之外，首先房子作为一个住宅，我们讨论一种生活方式和居住方式。抛掉生活方式，它的本体还是一个建筑，其次是空间概念和结构概念是支撑在一起的，没有交叉。大部分建筑师都是先做一个空间，为了达到这样的空间需要通过什么结构体系去做。而现在结构成了建筑的出发点，你是如何发展到现在的？因为你早期的比如库宅也没有太多这样的呈现，再后来的住宅中柯宅中越来越有这样圆弧形的引入。实际上你需要空间围绕结构来阐述，同时结构本身不是居住的问题。第一个问题是结构如何和空间相吻合，第二个问题是结构作为一个置入进来的问题，其实结构的命题可以不存在，比如普通的房子中梁和柱、拱的关系可以不存在，介入进来后如何改变了居住的模式？

王灏： 这两个问题也是一系列住宅演化过程中一步步而来的过程。库宅构思是06年左右，那时我刚从国外回来，和另一个朋友做了大量的城市研究，当时我们对北京遗产保护地做了一个比较大的结构，用一个巨大的墙把它包起来，像耶路撒冷和以色列之间的巨大的墙。当时用一种非常极端的城市主义的方式来处理房子和城市的关系。库宅项目业主是我一个亲戚，因此设计的弹性非常大，所以我想把一种城市性的东西，跟城市、密度、尺度有关的理念移植到农村里去。所以这个房子所有的东西都非常小，包括院子、厨房、楼梯、卧室，都是在一个城市的尺度上，比如上海的尺度。在乡下这是绝对不可能出现的事情，都是大院子、大房间，这是一种非常极端的对比。如果不看周围的话，这是城市尺度的居住感放在了乡下，刚好这块地本身也很小，甲方对面积的要求也不是很强势，他跟着我们走，我们就把小尺度空间用一种垂直的方式，改变了乡下四合院、或者南北排列方向的方式，当时我们用了大量的草图来考虑这背后蕴涵的方式，才有了这个房子。这个房子更多是开放性、垂直性和戏剧性。它放在这里是一个奇观的房子，这也是我们的第一个房子。这是过渡时期的作品，那时候的状态、冲劲或者错误都在其中反映出来。

第二个房子即自宅。在造到一半的时候，形成一个完整的想法，叫做"白描建筑"。我也看贝聿铭先生的房子，贝聿铭在中国和国外的房子的手法有很大变化，香山饭店和苏博是高度抽象的骨骼体系。所有的外轮廓墙，无论是阴角或阳角，都是重点描摹，这样方式可称之为"白描"，他完全不关心填充墙或填充材料，一律涂白，而关心轮廓性线的结构性，它们对一个房子来说是最重要的。由白描的概念联想到线条，在中国古建中构件都很讲究线条感，所以这个房子造到一半时我突然想用一种以往完全不同的方式来表达。结构和空间有很多关系，或者隐匿，或者表现，我希望梁柱和楼板、墙的结构关系可以被表现。怎么表现是一个很核心的主题。回到六七十年代结构主义的时候，有很多非常宏大的结构，比如丹下健三、奈尔维，结构是摸不到的，高高在上的，这些结构对人来说是体验不到的，或者不是人的尺度而是神性的尺度，我不是很赞成这种结构方式，我希望结构的高度降低，尺度做小，接近一个人，人能够轻易地越过他，甚至我会被他绊倒，结构和人有一种非常强的互动性。住宅有很多功能方式，卫生间、厨房、卧室，人的行为方式会不一样，人的各种生理状态如果有置入结构和他进行互动，体验就会完全不一样，比如如果在厕所里突然有个巨大的柱子，柱子上装了一个马桶，这样的话固有厕所空间的概念就消失了，她变得和其他任何房间一样平等，因为在西方，服务空间和被服务空间的等级性很强，东方人的空间等级并不强，往往只是体现在仪式上，平均化的空间是东方人更接受的方式，这样的抽象装置，姑且不论力学性，它会把原来的住宅空间的等级性和私密性等问题全部打开，有可能到厕所变成一种有趣的体验，或者卧室里的床是拱顶的一个平板，结构和空间发生了直接的关系，人们倘佯在各个有组织的结构空间里，这就是我所谓的"结构漫步"。

作为一个一米七的个体，跟宏大的结构的关系可以很微妙，也可以很粗犷，结构不仅承担房子的重量，更有了令人愉悦的审美，是某种意义上的雕梁画栋，不光是梁表面的处理还有梁的弧度的处理，中国古建的结构更重要的是一种象征性力，不管这种象征性是指向哲学还是指向审美，视觉愉悦，力学要合理。但是力学的合理远远低于视觉的愉悦和象征性。这是我理解的古代结构，在事务所接下来的方案里会看到拱梁，拱梁是一种蓄力的结构，它很含蓄，它的弯矩和受力方式、表现力都和直梁完全不一样。我们现在对结构断面没有过于讲究，但以后会慢慢增加关注度，就像古代结构的断面，可以进一步往后退，这两个话题很关键。第一个话题，空间的趣味和精神性不是来自于大或者小，而是来自于结构本身的美感，来自结构形成的趣味，它决定了空间的趣味，他们不是对等的，结构是第一位的，这是我们事务所的基本立场。第二个关键词是"松"，我们希望结构和结构之间，梁与柱之间都形成一种放松的状态，不会让人产生恐惧感或者渺小感，而是人文的亲切感，这是中国房子中很重要的品质，中国人对木头是作为生命体来看待，所以温度、手感都很讲究。

李翔宁： 平常做建筑的时候，在一个完整的空间，你是最初设想一个结构，再把结构的概念放到房子里去，这样就有了双重任务，第一要把功能解决好，第二要使结构不再是从属地位，使房子在满足居住功能外具有结构趣味。你做了两个东西，第一个是住宅，第二个是空间和结构体验漫步的结合，这两个系统目前咬合得不是很完美，比如弧形的楼梯使得上楼的过程不是很舒服。目前比较让人激动的是，我们参观的是没有完成状态下的房子，没有看到居住活动的时候，结构的力量还是很震撼的，贯穿空间的大的结构的概念非常强烈，我还没有完全体会到人进入其中是什么状态，同样我去了筱原一男的房子之后也有这样的疑问，比如大的钢的柱子会不会影响使用？造成一种统治性的影响？我看了之后觉得两种状态在经历一定的时间之后就被消解了，第一个是空间的穿越障碍，在熟悉并习惯之后会消除，就像老建筑或者老家具的包浆，新的时候都会有不适，但是随着时间推移，居住的痕迹以及个人的习惯，这之后结构和空间就不再分离，而是充分结合在一起。这是在使用状态下的磨合。第二是你在住宅设计发展中，可以融合得更好，在筱原一男的房子中，架子也可以变成坐的地方，也可以放东西，我看到这样的不同的可能性，我希望这在以后可以体现出来。

王灏： 李老师说了我的困惑点，因为有很多并列的线索在一个房子中，比如在我的房子中，肯定有隔墙体系，中国人的生活方式很难有坂茂"裸宅"那种非常开放的方式，除非是单身，甚至密斯的房子中也有这样的一个空间属性很清楚，但是不被使用，或者完全不适合东方人的生活习惯。这里有一个悖论，我们希望的东西可能和现实有很大的落差，这种落差就是生活方式，生活方式决定了结构、隔墙，它不会完全根据你的理想方式走，不舒服也是一种奢华的体验。

李翔宁： 住宅面临的特殊挑战有两类问题，一类是由于物质和空间的限制，比如造价很低，或者像日本的城市非常局促，由于以上条件的限制给住宅设计带来挑战。一种是挑战通过限制因势利导地转化为特征，日本建筑，比如柳亦春说的像鸟儿一样轻，轻不是来自于建筑师的刻意的创造，而是客观的限制，另外一种不是来自于建筑客观条件的限制，而是建筑师给自己的限制，比如藤本壮介，现在很多年轻建筑师都很喜欢，但是我对他有一个批评，他很多限制条件是根据他设计的构思创造出来的，比如他做螺旋形的住宅，这是他作为构思的挑战，所以我觉得建筑师需要把握平衡和度，藤本壮介的房子刊登在杂志上很吸引眼球，起到了很好的效果，对开拓建筑的思路有很大帮助，他探索了一种极限，但是作为住宅本身来说，日本建筑师及我自己看过之后也有这种感受，这种概念某种意义上妨碍了建筑的使用功能，尤其是住宅。当然，密斯整体性的住宅对于通透性的需求，他是把建筑笼罩在一个完整的系统里，所有的问题一揽子解决，这都需要建筑师在这个系统上不断的完善和探索。从某种意义上我很高兴看到你的东西在住宅里不断出现并往前推进。现在大部分建筑师可能都是只有一个想法，到下一个建筑的时候又有另一个想法。第二是你的结构想法是在你脑海中挥之不去的，所以你会一直不断地推进。这也是王澍建筑发展的过程，他做的住宅不多，但是我觉得他用同样的语言体系在往前不断地发展，你现在操作方式很好，可以再不断地推进，你自己觉得呢？

王灏： 你提到了一个很重要的概念误区的问题，概念是建筑师世界观的问题。不谈建筑教育，现在只谈住宅的概念，比如藤本壮介，其实他定位很明确，他是国际化建筑师，而不是日本建筑师。不管是中国或者欧洲建筑师都习惯宏大的抽象的构图，那叫"大趣味"。不谈概念的高与低，我更愿意把概念看成是对世界或者对空间非常本质的理解，比如需要封闭的还是开放的，黑暗的还是光明，均质还是集中？人性还是神性？很典型的建筑师譬如斯卡帕，他是没有概念的，所有构思都是从片段的草图开始，他从对一个节点的理解开始，慢慢延导出他的房子，大部分建筑师尤其是瑞士包括日本的建筑师，都没有概念图，上来就是平面、剖面图以及建造方式。概念并不能加强建筑的个性化气质。

李翔宁：我觉得概念的问题还是要在不同的层面来讨论，有一种概念是建筑师对自己建筑的类型学的原初的想法，这个想法是先验的，在任何基地上都可以。

王灏：它是不可以被批判的。

李翔宁：对，另外一种就是我个人很喜欢的建筑师，叫塚本由晴，他的概念来自具体的项目或者问题，比如他给客户设计的一个房子，这个客户是一个老太太，养了一匹马，她所有的生活都要和这匹马发生关系，所以塚本给她的概念就是因为老太太很爱这匹马，所以她从所有的房间都可以看到这匹马，塚本给她创造了一个半室外的空间，马住在这里，所有的房间无论是吃饭、如厕、睡觉，都可以看到这匹马。这是一个由基地给定的概念，这种解决办法就很好。塚本另外一个住宅在一片很嘈杂的环境中，不希望有周围房子的视觉干扰，所以最后解决办法是将所有的窗户往下开，所有光反射进房间，所以从建筑立面上是看不到窗的，光线从这里反射进来，同时来了客人也能看到，他在日本建筑师中还是很特别的。

中国人的概念多数是出于对建筑的趣味，在日本的住宅里，整个房子可能就是一个楼梯，甚至床都是布置在楼梯上，所有空间变成楼梯的一部分，中国建筑师有可能就把这种概念作为一个原初的出发点，我比较反对这一点。在你的房子里还有乡村的事情，房子介入乡村的关系是不断变化的，这个房子面对的是一个湖，所以需要景观的开敞，另一个房子宋宅，非常封闭，但是不是一开始就想造成封闭的，而是在这样的环境中决定了你的方式，只在内院开窗，外立面看起来很封闭，建筑解决的方案来自于对环境的反应，而不是建筑师先验的自主性的概念。另外他是对城市环境或者乡村环境的反应，是一种反应式的呈现。

接着谈乡村，中国面对的问题都会有解决方案，前两天我去扬州的论坛也说了一个观点：今天中国的知识精英或者年轻的人为什么会关注乡村？第一城市房价高，第二城市污染，第三是不安全的食品，所以现在很多青年建筑师都想把自己的事务所放在一个小城市，这可能在未来使这个职业发生很大的改变，我上次做西岸双年展回顾展我选了七十个建筑师，这里面三分之一在北京，三分之一在上海，剩下的在全国各地，但我觉得年轻一代的建筑师应该能够应对这样的挑战，以前我们讲参与乡村，只是我给乡村做个设计，给农民做个住宅，但是现在真正介入的方式是把设计、建造、生活融入乡村，现在也有很多报道一些年轻夫妇回到农村去种地，我在贵州乡村中看到很多在国外留学回来的学设计、摄影的人做志愿者，在乡村生活了很多年，这和通常建筑师职业生涯不一样，但是这样的介入更有意义。中国传统乡村是非常有文化的，知识精英把孩子送到城市读书，但是知识和智慧是能够留在乡村的，这点非常重要，我希望未来能够出现这样的，从这个意义上，我今年或者明年想策划一个展览展现中国乡村的实践，这是一种非常有意思的趋势。

王灏： 近代的农村和城市还有非常强的互动，我们大都了解民国的新乡村运动，包括毛泽东先生也做过很多这样的事情。当今农村有几个致命的问题，第一是城乡财富的流转被切断了，因为制度的原因导致财富向城市单方向的流动，新农村建设的钱都是来自于政府，很少来自于民间，有可能基金会在做这样的事情；第二现在政府乡镇的官员构成相对稳定，公益性人才切断了，导致在乡村中起很大作用的人的知识水平和见识都不足，没有动力源来做一些事情。在古代是有动力源的，官员是文选或者当地的士绅，他会做一些维护当地发展的制度性的操作以及审美的标准，比如造房子或者知识结构的平衡。我们现在面临非常麻烦的问题，除非你有非常大的动力才会撇开一切，现在不是农村需要我们，而是我们自我实现的另一种可能性。我去农村不是真的为广大人民服务，而是农村有非常大的空隙，可以自下而上的做很多事情，这种自下而上可能没有赞助，也没有干扰。最近在看胡适的书，他有一句话我非常赞同，他说中国文化就是三千年的乡土文明。中国文人骨子里的审美和哲学观与农村有非常大的关系，我们的传统和农村物质形态有非常强烈的互动关系。这种互动性会导致大量的人最终完全不需要城市，因为精神上需要农村，就往农村走，比如现在去大理、安吉，这就是一种少部分人的先知先觉，必须有人来做这样的事情，人多了以后整个建筑学创作的范围就被拉得很大。现在年轻的建筑师要在城市里做一个开发商或者投标的项目基本上做不出作品，或者基本50%是被牵着走。从这个层面来说农村很有意义。

李翔宁： 未来往乡镇走会变成一种趋势，甚至有些开发商也意识到这一点，比如万科的良渚村，就希望引进文化精英，形成一种社区的文化，在这个村子会经常举行一些活动吸引文化人入住，这挺有意思，通过这种活动使得文化真正进入乡村。其实现在乡村的人对美学和传统的认识已经完全断裂了。比如马清运回故乡在蓝田做的父亲住宅，大家以为是在造一个庙，因为他们认为只有庙才会造在郊外的地方，造完之后村里的人都对他爸爸说你儿子造的房子连顶都没有。因为是平顶，他们就觉得没有顶。建筑师和村民应该是互动关系，这样村民对传统和现代的认识也会发生转化，就像你说的在宁波江浙一带只要有钱就会造有马赛克外立面的房子，这种标准模式让他觉得非常现代化，对于知识分子来说更重要的是不能丢掉传统，这种认识有一个X型的错位，未来必须通过设计师和建筑师进入乡村来弥合这种差异，所以理论上他已经比做一个建筑、造一个房子更重要。这是对乡土中国和对未来社会的一种革命性的改造。

王灏： 我认为，庸俗的蔓延是自上而下的。有一次我和一个记者聊到现代乡绅的问题，她问，又有知识又有钱的农村人现在还有多少？没有知识光有钱，农村有很多，但是他们理解的传统和现代化与我们理解的完全是两个概念，他有一个非常片面的信息源，他从未接触现代建筑是怎么回事，也没有现代建筑有关的教育，他们看到大开发商做的事情就认为是现代建筑，开发商的房子对地区有很大的影响力，有一定影响力和标杆的开发商盖的房子的形状对周边的村民形成很强的启示作用。因为它贵，农民潜意识里会认为贵的就是好的，也许建筑师告诉他五十万就可以盖得很好，他反而不能接受，因为他从来没有看到过这样的东西，我们房子刚造好的时候境遇和马先生的房子一样。但是慢慢就好了，宁波比较开放，年轻人都能接受，这就是进步。

李翔宁： 刚才提到的土豪，可能只能寄希望于他的下一代人，这些人积累了财富把孩子送到大城市甚至国外，如果他们能够意识到最后还能够回到乡村是一个比较好的选择，这对中国未来农村发展是很好的出路。

王灏： 我们总体上还是很乐观的，我现在基本把甲方分为两类，一类是五十岁以上的，一类是五十岁以下。五十岁以上的基本很难去改变，但是四十五岁以下的都能够意识到这个房子是有想法的，我在乡下的实践，不能从市场的角度来判断，我的房子就是造给能够接受的人，我有足够的弹性，即使没有设计费，我不知道这算不算魏晋风度，但至少这是一种重要的道德制高点，即使很多人不接受这种观念会引起争议，争议有可能带来改变，也是好的现象。

李翔宁： 我想跟你聊聊，你在德国学的建筑，评价房子的品质，经常大家认为中国的房子施工是非常粗糙的，建造很快速，这种状况下，你在德国学的建筑是非常理性的极少主义的，德国人的理性有非常完整发达的建造体系来支撑，比如他需要选择紧密的门窗，或者灯和你的设计语言是非常契合的，但是这在中国是无法达到的，现在只能点对点作战，不可能变成一种大规模的工业化的体系，我作为评论家希望西方人了解中国特殊的问题和社会现象，比如房子只是用五年后就要拆掉，我是不是还需要做得特别的精致，你个人觉得对建筑的评价有绝对性吗，还是相对的问题？

王澍： 我在斯图加特大学做过几个课程设计都是很大的城市设计，当时选择回来，荷兰的思潮对我们的影响还是比较强烈的，OMA，MVRDV从城市的角度解决建筑问题，这种思路影响深刻，我经常看一些朋友非常极端地以城市的尺度来看待房子问题，我认为欧洲建筑师也有自己的困境，他们的困境就在于过于优雅，任何一个过于优雅的东西都接近自我封闭的状态，整个评论体系、技术和施工方式已经少了很多可能性，混凝土现浇一定是笔挺的，门窗一定是三扇玻璃合在一起，合缝丝丝入扣，再高再重的门合起来的时候都非常舒服，室内的冬夏舒适性都是第一位的，文化到一定高度后必然使人的精神状态变得懒惰，所以少了很多可能性。虽然造就了福斯特、皮亚诺这样的建筑师，但其他很多人可能就走不出来了，我觉得这就是西方的困境，它死在过于优雅，我在欧洲看得比较清楚，我不太喜欢这样的环境，我认为好的状态都是在海水和河水交汇的部分，这是营养最丰富的地方，这个地方的可能性、爆发力和新的方向、蕴涵的机会都远远高于单纯的地方，所以我还是要回到中国这种复杂创作环境的状态，在设计院五年后我深刻体会到体制的复杂游戏规则，它所蕴含的可能性也很少，一旦出来以后发现我们社会的财富已经到了一定水准，外部的思潮，造房子的机会已经不像以前，现在可能性非常多，比如可以做旅馆，可以改造老房子，包括做一些工厂改造、农村小型住宅的改造。这里有一个很大的问题，回到工艺，施工方式非常明确地反映了当下的施工状态，但是问题在于独特的建筑思想一定是产生于这个基础之上，像刚才我提到的松散的结构，蕴涵的道理就是如果我去追求紧密的结构方式，像奈尔维的方式，我们永远不可能达到那样的高度。

李翔宁：今年库哈斯做威尼斯双年展的策展人，他给每个国家馆定的题目叫做吸收现代性，现在我们都放弃传统，变成现代主义的置入，我觉得中国很有意思，我们今天关于乡村的讨论很契合库哈斯的命题，甚至可以成为中国馆的展览内容，这种思考是相关的。中国乡村的传统已经被污染了的变形了的现代性置入了，比如喜欢贴贵的瓷砖，都很喜欢现代性的符号，今天如果想抵抗这种被污染的现代性，我们需要更纯净的现代主义的方式，还是在来自乡村的传统中寻找一种方式。这是未来建筑师需要直接面对的。其实你的作品里也能看到这种纠结，比如自宅的建筑语言是来自西方的，这里面眺望的关系、檐口的关系、砖的传统，又是跟中国传统建造相关，还有坡屋顶的关系，这种关系类似于我们今天所认识的粗糙的变成传统置入的一种变体，在这个意义上是中国现代社会或者当代社会所面临的最大的挑战。所以库哈斯的命题对中国也很有挑战。我希望你未来不是把德国的方式嫁接进来，而是会有一种植根于自己的生活方式，现在你的住宅是刻意的，主要来自和你有关系的人，是来自有钱的、受过良好教育的人，没有接触到最大层面的乡村社会、跟你无关的人，也没有特别地解决他们的问题，现在的尝试已经很好，下一步是不是可以针对一个个体，把他的欲望和渴求能够清楚地反应在建筑上，建的概念能够从这上面来生长。能不能把建筑和设计真正和乡村的问题结合在一起变成一种运动，这个很关键。

王澍：我觉得库哈斯的命题是一个反思的命题，是近几届威尼斯最具挑战的命题。现代的农村的布局已经受到城市的影响，中国是遍地野草加沃土，可以生出各种各样的蘑菇；第二点，我的事务所叫做伙人营造，还是有很多的想法在其中，我希望房子的外表带有匿名性，设计手法很低调，可能100个房子外面看起来都差不多，只是高度、尺度的变化，外立面都是很开放或者封闭，这种匿名性也是很重要的对内部结构性空间戏剧性的补充，这是我认可的所谓的内向方式，不是说封闭就是内向，我追求的是一个房子可以达到的深度，我称她为深邃的人性。

原载《UED城市·环境·设计》杂志，2014年5月第82期

宋群
摄影：张楠

留住一些给过去，呈现一些给今天，打开一些给未来

高小龙

木心有句话，形容家乡的一座桥：远远望去，便有坚定淡漠的使命感。

于我而言，西安这座古老而沉重的城市，是我生活了二十五年的出生地，我对此城的一切记忆，愿意停止在往昔的那种安稳，简朴，欲望无处释放的光景中，保守是保守了，可是眼目单纯清净。

西安城，四方四正的格局，以城墙切割城里城外，以钟楼为圆心，东西南北大街放射出去，各为东郊西郊南郊北郊。我在这里生活的二十五年里，觉得这城虽大，可是街道横平竖直，去哪里，找到目标都很容易，去哪里，都能让关心你的人放心，不怕找不到你。

我与宋群同在这个城市生活的时间，有二十年，彼时我们还素不相识。我认识他，是在我已经离开这个城市，迁走异地生活的十多年后。我们在博客年代认识，在博客的文字往还中，发现彼此的生活轨迹里，勾连着许多因缘际会。我们都在西安的南郊生活，我们都在西安南郊的一所著名中学就读，我前脚走，他后脚到。

有相当长的一段时间，西安，我只觉得是被我忽略和轻慢的垂老落寞的城市。逢年节时回家省亲，看着灰头土脸的这个家乡，我能听到它沉沉的喘息，这是与我那老迈的至亲，同步的老迈之态。人的生命，由盛而衰固然是顺应着自然规律。城市生态面貌的管理和创新，是从善如流还是粗疏任性而致扭曲变形，悬系于城市管理和建设者的智慧，良知。90年代初期，西安一条重要的道路中央，忽然有一天伐掉伫立了几十年的参天大槐树，改为栽种不够一人高的热带棕榈树，长达一年时间，那排水土严重不服的蔫蔫的棕榈树，就没直起过腰来。这是我曾经走路去小学和中学的必经之地，那些被砍伐掉的大树，是我们曾经在上学路上，和小伙伴边走边玩躲迷藏游戏的藏身依托。可想而知，走过这条路的几代本地人，那一年里，看着那些病快快的棕榈树，心中会是怎样地发着诅咒的恨词。

西安城这二十多年的变化，该湮灭的湮灭了，不该湮灭的也很不幸地正在疾速地消逝而去。城市面貌花哨阔气了，难免飘飘然不知自己，不识来路，也难觅

归途。此城中几代人过往珍贵的记忆，也会在这些耀眼光芒中，或迷失无踪，或日渐模糊。

如何给我们生于斯长于斯的城市，保留一些沉稳的底气，守住一份长安城独有的淡定和自尊，这是一个萦绕于怀许久的心事。

宋群，是在我观世相的某个关节处，让我遭到猛击的人。这个人，让我看到在我的故乡西安城，悄然兴旺起来一股新鲜的力量，他们锐气逼人，灵动跳脱，无畏无惧。

认识宋群和他周围的年轻人后，我悄悄抹掉对家乡的很多嫌弃，他们让我对故乡西安，时常怀着一种莫名的期待，总觉得猛然又会出现什么吸引我的美好事物，出自他们的创造。

一路关注下来，他们真是做到了，《本地》杂志书，做到了。

《本地》的素面，把握在中间调子里的黑白灰，反差调的柔和，统统不染一星色彩，严守着不喧哗，不张扬的品格基调。这绝不是成本的问题，是随着他的心性，把一切不必要的粉饰剔除。所以这杂志书一出来，因为这样的格调，逐渐成为中国各地民营书店选购的上选佳品。

《本地》的内容，从搜寻西安民间有故事的人们，讲述他们被主流城市叙事忽略的个人史记，个人质朴无修饰的生命体验，到追忆80年代西安市井生活的老照片故事，不但呈现影像，也展览过往时代的日常器物。让西安人对过往的回忆，可意会，可触摸，让此城中生活的每个人，找到也许已经错位许久的"我"的坐标。

凡此种种，《本地》创办至今的每一期内容选题，都在贯穿他的创办主旨："本地不过是试图捕捉即将消失的当下，记录刚刚过去的过去，是一个以我为中心的坐标体系，是个人的，也是民间的，因人而异，因时而异。不重复他人经验，更不愿转述，而是凭着自己的触摸，完成所有的认知和表达。"

这段话中的"不过是""不重复他人的经验""凭着自己的触摸"这些用词，低调潜行，不觉得自己做的这么重要的事情有多么了不起，一切只秉持着一种善良本能，真听真看真记录真言说。西安城有这样一个主意坚决，心思细密，

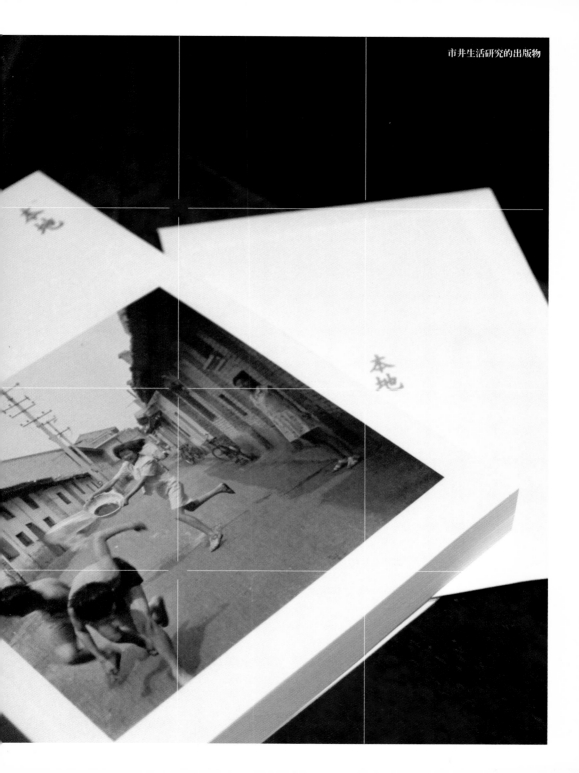

慎思，明辨，笃行的有心人，在光怪陆离的尘埃中，为西安本地人搜寻散落一地的灵魂碎片，搜到了，拾起来，细心修复出来原本的亲切模样。这是一个人，一本书，对一个陷入了巨大时代慌乱的城市，最真诚的救赎。

木心有句话，形容家乡的一座桥："远远望去，便有坚定淡漠的使命感"。我观宋群，其人，其事，稳稳地戳在这个城市的市井深处。对于遍布城外的诱惑，宋群给人的印象，恰是一种不动声色，淡漠处之。旁人总着急他心里想什么，但他是不贸然说话的，可是一旦说出话来，又必是能引起听者认真思考的内容。时间一长便知，他只是不讲废话，是个有真切主意默守使命的人。少言寡语看似淡漠待人的性格，往往承载着于无声处给你一声惊雷的担当。

这些年，我时常觉得似有一种无形的力量，始终在拽着我亲近前二十五年生活成长的故乡。但凡有令我心悦诚服的西安能人，我都会不遗余力地四处鼓吹，广布四方。不想眼看着各色粉墨的中国文化界，觉得西安无人，觉得西安说来说去就那么几个磨烂耳朵的老名字，他们有些是老了，有些早已腐朽不堪。西安人有一种傲岸的传统，不屑与外人争人先，不屑于走出西安城外博功名，这是常常让我觉得非常不甘心的地方。

市井生活研究的出版物

在这个价值观错乱异变的时代，正所谓是一个最坏的时代，也是一个最好的时代。如此，何不站稳脚下这方土地，做一些事情，影响所及不揣广大，但求一寸，一尺，一米的守护和改变，这是一个人有限生命的价值最大化，这是不必与外人争，也不足虑外人眼光的本地立场，这是何等高贵的姿态。所以我也理解并极度赞赏《本地》所做的一切，它直戳进长安城的深厚土地，祭起"市井生活"这面亲切而质朴的大旗，留住应该有的敬畏和礼数。

对于宋群和他年轻伙伴们所做的一切，我始终怀有各种暗暗的期待，这一股新鲜力量，已经形成我耽念这个出生地的强大磁场。

今年《本地》又让我惊喜的，是"市井生活系列展"之《与食有关的物》。回到生命最本能的需要做思辨，关照一种超越这种本能的、形而上的生活体认。这个展览的策划，越想越是令人动容，人类还有什么比吃，更简单渺小而不可或缺的行为，人类又有多少惊天大事，无不因吃饭这么简单的事体而起。

此小文草就之时，这个展览的作品，已经辗转运往意大利国威尼斯市途中，代表中国艺术家参加今年威尼斯建筑双年展。古老东方一个古老城市的本地人，把本地人对吃饭这个人类共通生理本能的种种物化演绎，对人间食与物的泛政治，宗教，哲学意义的思考和打量，统统落地到另一个古老国家，古老城市的市井生活当中。那里的本地人，同样对与食有关的物，对与吃有关的行为，有着深厚的传统体认。那里的本地，也是有着古老余韵，有着焕然新意。意大利国和中国陕西，就面食传统而言，有着巨大的同质性，陕西人往往在看意大利电影的时候，会惊喜地发现同样的面食，同样与面食有关的器物。同时，常会产生疑惑，想走进银幕，坐在那个吃面的人旁边，用陕西愣娃的语气发问：呦！你看你咋把沃面弄成沃式子咧！

与食有关的物，与吃有关的行为，回到人类和自然造物最本源的关系，让东方西方两端，默默对视。这是把本地的疆域无限扩大和延伸，把以"我"为圆心的"本地"气质，延伸开去，辐射八方。我想，这是宋群多年深耕《本地》的本真愿望。

无界景观团队

安住——对旧城改造项目的思考

童岩

在过去的30年里，快速的城市化进程不仅改变了一座城市的外观，同时也改变了生活于城市中的人们之间的社会关系。经济现代化所特有的劳动分工体系、分配体系在创造了经济奇迹的同时，也不可避免地带来原有社会结构的解体和与之相关的社会危机等一系列现代性的后果。这一后果在当下中国的城市和乡村所显现的就是：原有的熟人社会结构正在逐渐解体和一个正在形成的陌生人社会。

这一社会原子化（social atomization）的趋势使得原有熟人之间的默契与协商中介逐渐消失，而市民社会的"公共性"秩序尚未形成，其结果必然导致社会转型时期人际关系的疏离与相互信任的缺失；个体自由的获得也伴随着个人主义的膨胀，导致道德失范。在这一社会现代性的转型过程中，以多种方式重建社会中间组织（intermediate group）以形成新的人际关系的连接纽带，是解决由社会分化所带来的危机与挑战的应对之策。由此，才能缓解因社会的袪组织化所造成的游离个体的认同危机、焦虑与孤独感；化解由于个体间的，邻里间的，社群间的互不信任而产生的矛盾与冲突。

与多数发展中国家一样，经济发展与城市化进程带来的另一社会现象就是：城市中存在着数量庞大的社会边缘人群和边缘区域。在北京，被称为"大杂院"的居住区内，生活着大量的低收入市民，以及外来流动人口。外来务工人员的涌入与城市人口的自然增长使旧城区的城市功能难以承载，导致旧城区的居住环境持续恶化；对生存空间的扩张更是改变了北京古城原有的院落建筑格局。这些看似贫民区的"大杂院"就散落在有着六百年历史的北京老城区内。这些居民虽然居住在城市的中心，但他们的处境却属于当下社会的边缘，破败与杂乱的居住景象覆盖在北京旧城的城市肌理之上，与坐落于城市外围的、新兴的CBD区域和"高尚住宅区"形成了鲜明对比。

空间关系的变化所折射出的不仅是居民物质生活差别的扩大，更是社会关系的改变。原有基于家族、家庭与"单位"的"熟人社会"逐渐成为了历史，取而代之的是孤立的个人与分散的家庭的碎片式存在。持续的经济开发和快速的"城市改造"使旧城区的人们生活在一种不稳定的状态中。在拔地而起的商业设施与新城区的映照下，旧城区居民无力改善自己的生存环境。他们所在的熟悉的街区，成为了被"发展"遗忘的角落。窘迫的生存境遇重新塑造了他们与所在城市的关系，瓦解着他们对于所在街区的认同感。部分居民的迁出与外来人口的迁入，使曾经相互熟悉的街坊邻里关系逐渐消失。陌生感与缺乏信任使得这里的人们相互疏离，彼此漠视。

本项目所关注的，就是生活于这样一个拥挤而破败的"夹道"里的五户人家。这是一个公益项目，实施前设计团队通过对北京中心城区大栅栏片区杨梅竹斜街66至76号院夹道所做的调研与梳理，制定了解决方案。66至76号是一条长度66米，最窄处1米，最宽处不足4米的通道，是百年院落与持续扩张的居住空间在数十年间挤压出的通道，由五户居民共用，其中包括定居在这里400余年的老北京家庭，搬来20年左右的新原住民，以及暂住的外来打工者。

在项目实施前的调查中我们发现了一种普遍的现象，即居住在这里的人们喜欢在自家狭窄的空间缝隙中，以随手即拾的容器种植自己喜欢的花草和日常食用的蔬菜。这一现象说明，尽管生存环境恶劣，但人们对日常生活的趣味并没有因此而减少。对于这些生活于社会底层的人们，花开花落，植物的生长与收获也许就是一种心灵的慰藉，一种对现实的默认中的精神寄托。

此项目旨在凝聚居民们的这种生活情趣与共同的精神追求，以建立共享"花草堂"的方式介入到这一夹道的空间改造中，为五户彼此相邻却相互疏离的居民建立邻里间有效的交往模式，缓解在急速城市化进程中由于社会中间组织的缺位所造成的人际关系的离散，从而使暂居于此的人们能够通过养花、种菜这种非组织化的中介形式相互交流，互通有无，并形成某种新的、约定俗成的公共秩序。共同的爱好与向往所形成的这种空间形式的中介，不仅可以使游离于社会底层的个人、家庭之间建立某种认同与沟通，也可缓解由于"暂住"而产生的焦虑感，并通过共建与共享"花草堂"这一连接中介，找到自己的归属感从而"安住"于此，相续共生。

相对于团队曾经从事的景观设计项目来讲，这个公益项目更接近一次社会学意义上的社会工作实验。我们努力的目标不是设计一个供外来者或旅游者观看与消费的奇观（spectacle），而是通过设计参与到当代中国的社会重建之中。我们所关注的是在社会转型期如何提升个人的尊严、重建个体间、群体间相互尊重、和谐共生的人际关系。由此而引发的思考是：如何定位设计与设计者在社会生活中的角色与位置。我们参与公益项目并非是出于展示自身的社会责任感和同情之心，而是通过各种尝试去发现并建立一种有效的机制，从而使那些生存于社会边缘的人们从中受惠。在这一过程中，设计者必须在自己的审美理想、设计理念与普通民众的生存逻辑、审美趣味之间做出妥协，让设计回归到它应有的功能，发挥它最原初的潜质。在设计实践中，妥协就意味着设计者需要放弃自己的主观想象与意志，而仅仅作为一个社会生活与经济发展中的协调者。这一角色的转换似乎消解了设计者的主体性，也弱化了"设计师"曾有的光环，但唯此，Alejandro Aravena 所言"建筑（或设计）作为一个通向平等的捷径"才不是一个神话。

从实验项目的规模上看，这仅仅是一条狭长曲折的通道，所涉及的人口20人左右，而能够用于"花草堂"建设的空间不足10平方米。与城市广场、公园、艺术区等相比，这种最小尺度的公共空间设计也许不具有推广价值，但其不可化约的特定性正是这一实验的意义所在。我们认为：设计，不论是建筑设计或环境设计都应该是针对具体设计对象的、因时、因地、因人而异的解决方案；对特定情境中的人的关照应该是设计的核心，也是目的，而形式与风格仅仅是这一目的的外化。

我们并没有预设我们的实验必然成功，仍有许多不确定因素是我们难以把握的，其结果还需要长时期的观察与不断的调整才能显现。

该项目始于2015年初，目前仍在进行中。

王路

摄影：张路峰

地方的魅力

王路

在全球化浪潮的冲击下，许多国家和地区都在为如何保持地方文化的特征而抗争，以使久远的地方传统不被文化的霸权所淹没。全球化正在物质和精神两方面对地方文化进行解构，快速的交通、高科技支撑的信息网络和消费文化已成为一种整合的因素对城乡结构和建筑形态，对人类生活的方方面面产生巨大的影响。我国西南地区也是如此，深受这股类型化、区域化风暴的影响，尽管西南地区有着复杂的地理环境、众多的民族和多元的文化类型。

2014年首届西南建筑论坛在成都召开，论坛以"西南之间"为题，对全球化语境中的建筑创作展开了广泛而深入的探讨。"西南论坛"可以被看作是一次"西南突破"，是近年来国际化潮流中，我国普遍遭受的快速量化发展所带来的城乡文化创伤后，当代西南建筑对自我身份认同的诉求。在"疗伤"的牵引下，西南建筑师正在"倾听这片土地的声音"，在探索一条能持续健康发展的"西南建筑"之道，以在一个经济、科技和消费文化主导的社会里，能自信地去建构一个有意义有个性的城乡人文秩序。

有关全球化和地方化问题的讨论，旨在寻求一种最佳的途径来维持一个地区在社会经济尤其是文化领域的独特性，这种独特性很大程度上来自于这个地区的建筑活动。世界上的每个地方都有其特定的自然和人文特点，所谓地方精神。这一在特定地区长年累月形成、发展、化育为民众普遍认同的思想文化内核，是植根于一个地方文化土壤中的内在气质。而地方建筑就是这个地区人文、自然、经济、技术等因素综合作用的结果，也是地方文化中最突出、最活跃、最深刻的表现形式。在当代社会的发展中，维持地方特性的文化力量是迷人的，如果一个地方的城乡面貌失去了这种鲜活分殊的特性和气质，也就丧失了地方的灵魂。

1964年，伯纳德·鲁道夫斯基《没有建筑师的建筑》一书，为我们呈现了世界各地丰富多彩的地方传统建筑，差不多同时雷蒙德·阿伯拉罕写了《基本建筑》，关注地方传统建筑是如何建造的，书中写道："建筑，源于组织材料以对抗自然界的力量，它不断地从科学发展和技术进步中寻求一切可能的方法和手段，来追求实体与空间的和谐。地理上的隔离意味着材料和工具从一开始就少有改变。在本地的需求和制约下，建筑物形成统一的建造体系，且没有任何关于美学的冗余考虑。这些建筑物所有的节奏感，源于建造工具的类型以及它们的使用方法。这节奏渗透进建筑所站立的土地并在聚落环境中得到加强。我们可以从地方传统建筑中感受到对材料和结构的敏感。土地上生长出了建造用的材料，而建筑物也好像和这土地一起生长，形成整体而富动态的景观"。正如亚伯拉罕所言，这些地方传统建筑的形成是彼时彼地的特殊条件使然，遗存至今的原因在于他们仍然处在一种孤立自足的社会状态中。然而社会、科技的发展改变了传统社会这种"过去"孤立封闭的状态，促进了社会的流动，也带来了时空观念的巨大变化。现在，"距离"越来越近，人们获得资源的方式也更为简便。地方材料也不像过去那样是地方建造的唯一选择，世界在变。

全球化时代的消费主义文化，作为一种去域化的意识形态，正在对地方传统和生活秩序进行解构。一方面，我们看到，大量的建筑在供奉权威、颂扬资本、彰显欲望，建筑成为形式消费，变成一种荒唐的图像和符号化的招牌，失去了其基本的真诚。另一方面，大量的建设以本地的传统建筑样式为样板，作为该地区表达地方特色的建筑类型，并拒绝接受为新的功能服务的新的建筑形式。新功能和旧有形式之间的矛盾导致了建筑空间真善美特征的丧失。在美学层面上，这种表达是通过追求一种与过去单一的生产方式相适应的乡土风格来安放当代人的"乡愁"，场所的真实却被这种"如画"的假象所稀释。这种幻象般的地方建筑是我们时代地方建筑的一种病态表征。

建筑不能仅仅是对形式和空间的操作，就像欧洲18世纪只注重建筑美学或者19世纪只注重建筑装饰一样，以一种对历史建筑或样式的僵死的堆砌，来取代那种植根场所、传统和人类基本生存经验的思考。忽视场所的理念，忽视鲜活的当代生活现实是导致当今建筑乏味、平淡、僵化和媚俗的根本原因。诺伯格·舒尔茨提出的所谓场所精神，不是地方建筑的图像和符号，场所精神也不是一成不变的。在当代，去拷贝那些已经没有存在基础的建筑样式是错误的。罗丹说得好："传统本身建议你们要不断地去询问实际情况"，我们要关注的是地方建造的传统而不是地方传统建筑的样式。传统的材料可以有新的用法，路易·康用砖这一古老的材料建造了全新的建筑。同样石材、木材、混凝土也都可以有新的用法。奥地利福拉尔贝格（Voralberg）的当代木构建筑很难让我们在形式上想到该地区的传统建筑，但它们都有着强烈的不可见的传统意味。福拉尔贝格或许是全球不多的几个地方，在这里农民的生活还有着像18世纪一样的市民文化传统，至少在巴洛克时期就形成的手工艺传统还一直延续到现在。一个富有魅力的地方，因为新旧共存，和而不同，古老而又生机勃勃。

地方文化对国际化的抵抗不应该与传统的拓展相对立。相反，在国际化的经验交流中我们可以获得新的手段和方法。从这一视角，全球化可以为我们提供新的思路来治疗和修复地方的创伤，为地方文化增添营养，拓展地方的魅力。我们今天赞美的地方建筑文化，比如奥地利的福拉尔贝格、西班牙的加泰隆尼亚，瑞士的提契诺或格劳宾登，都在不断地创新，它们结合本地生长的地方建筑传统，谨慎细微地选择可以为自身文化传统服务的跨地区的发展趋势和元素，并为地方社会的进步做出贡献。当然把国际化的经验移植和转译到地方领域，需要有一种我们一直欠缺的批判性的态度和选择。实际上，世界的变化正是许许多多地方发展的总合，而全球的普适价值正是来源于地方文化的智慧。所以，我们讨论全球化语境中的地方建筑，不是一种浪漫的叛逆，也不是抽象的有关建筑理论的探讨，而是以一种汇中外、远天地，融古今的中华民族本来就有的开放包容的胸怀，去寻求一种持续发展的地方建筑之道。我们需要一个可见的过去，也要一个同样可见的过去到现在的延续，正如帕拉斯玛所说的，"建筑不但在自然和人为的风景中占据空间，也在与历史对话。建筑正是从这个框架和辩证关系中获得其意义"。历史不是僵死的。

吉迪翁在《空间、时间和建筑》一书中提到了时代精神（Zeitgeist）。他认为历史的演进有着像植物生长一样的规律性。德国哲学家约翰·哥特弗雷德·赫尔德(Johann Gottfried Herder，1744－1803)应该是这种进化观念的代表。他认为历史就像一棵树，一个有规律地演进的有组织的整体，它包括一系列的发展时期，每一个时期都是完整独特的。以这种典型的历史观来观照建筑，意味着建筑的基本任务就是要体现时代精神。对历史学家而言，建筑是文明的晴雨表，可以度量任何文化的诞生、发展和衰败。就像文化地理学家刘易斯所说的："我们人类的景观是我们的自传，在有形、可见的形体中反映我们的品味、我们的价值观、我们的愿望，甚至我们的恐惧"。如果建筑对这种历史进程反映迟钝，建筑的表达在历史中就不会"在场"。这种时代精神的危机反映了建筑表达和时代的错位。这种不一致性就像18世纪的所谓新古典主义，最终沦落为一种一成不变的类型学和构图的游戏，而不是表达启蒙运动的自由和批判精神。在当今中国，我们需要培育一种对时代要求的新的敏觉来塑造和改善我们的人居环境，而不是打着"地方风格"的旗号无奈荒唐地在一个老旧的形式驱壳中玩游戏。

一个地方的发展来自于活跃的与"别处"的互动，而不是自我封闭。我们需要去尊敬和拥抱文化的差异。各个不同的地方文化由于其特色和普适价值而打动我们，它们都属于某个时代和场所，并且往往超越了地方的时空而对世界的认识做出了贡献。全球普适性的经验无疑可以拓展一个地方文化传统的内涵，新的知识和智慧反过来也可以成为地方文化抵抗"去域化"倾向的策略。真正的建筑不是简单地作为一种符号功能，而是有一种感人的力量。不仅仅是视觉上的愉悦，还有心灵的触动。现代主义的理性、诗意和对文化真实感的表达和塑造给我们提供了丰富的可资借鉴的参照，它恰恰也是当今"批判地域主义"的内核。当然"地域主义"可以是一剂良药，但不是万能的药方。阿尔托的建筑反映芬兰卡莱利亚的风景，这是一种无法企及的艺术创作，不是"地域主义"。能参照和借鉴国际上普适的经验和思想是一个民族和地区丰富和深化其自身文化的一种富有意义的途径。在战后瑞士的格劳宾登，鲁道夫·奥迦提（Rudolf Olgiati）等建筑师在现代主义和传统的民居建筑中找到一种交融和综合。除了参照格劳宾登地区传统的建造方式，他们还以古希腊建筑和柯布西耶的现代建筑为样板，融汇成一种独特的风格来表达这个地区和通常世界的联系。当代的格劳宾登建筑，在熟悉的和陌生的张力中彼此欣赏和共存，建筑既落地在具体的瑞士北部的山乡僻壤，又能与世界对话。

当然，建筑的形成是一个复杂的过程，有很多影响因素。建筑与场所相关，只有在场地上才能建房子，我们必须去理解场地的特点，但这并不意味着对场所的关注会自动生成一个正确、合理的建筑方案，建筑也不仅仅是对场地的反应，建筑师的主观意图、对建筑的态度和具体操作方式也各有不同。

"如果我们说建筑应该是自然的和真实的，那么他应该像是从场地中生长出来的，无论在当代城市还是乡村，如果采用在其他地方、其他年代，其他材料或其他条件下的建造方式，就会与场所的精神相冲突，成为'人工'的"。希腊建筑师康斯坦丁迪斯（Aris Konstantinidis，1913–1993）认为建筑应该是从土壤中"生根发芽"长出来的。建筑依据一个特殊场地的根本逻辑，属于这个特定的场地，可以分享普适的原则并超越特定的时空。他认为建筑应该有一些基本的真实或根基（因为他们总是在一个地方或别处），不能复制那些已经逝去、在其他技术和其他材料甚至其他社会条件下生成的外观样式，要利用现代技术所能提供的机会和可能性。早在1962年，康斯坦丁迪斯在雅典南部的一处海滩上设计了一个度假小屋，L形的建筑以廊道面向大海，当地的石材，裸露的混凝土板，简单的形体融入基地，宛若天成。他的作品体现的是纯粹的形式，简洁明确的建造，是在当代语境下对地方住屋原型的重新定义。

亚历山大·楚尼斯和利亚纳·勒费夫尔在其《批判性地域主义——全球化世界中的建筑及其特性》一书中介绍了另一位希腊建筑师季米特里斯·皮吉奥尼斯

（Dimitris Pikionis，1887–1968）。有着"地域主义"倾向的皮吉奥尼斯，主张"共存"的建筑。他认为：

"艺术的创作有多种可能性，基于一种你可以在希腊传统中发现的简单模式，你可以赋予一个基本形体以无穷的变化"。建筑是一个自然和人文场所的象征性表达，通过明智的对各种因素的组织构成一个整体，并能够被一种集体意识所识别。在设计中皮吉奥尼斯能谨慎地把传统的类型、材料和形体组构成一个具体而当代的结构。他的建筑参照的是希腊北部、马其顿西部山区的乡土建筑。

1950年代皮吉奥尼斯设计了著名的雅典卫城遗址公园。面对强烈呈现出历史延续性的古希腊建筑，他以一种特殊的敏觉在设计中保证了新旧之间的延续性，使人能清晰地识别什么是原来的"旧的"，什么是现在的"新的"，从而把历史上痛苦与快乐的片段以新的方式组成一个集体的记忆。我们可以从他使用的材料和细节中，无论是石头的、木头的、还是混凝土的，看到这些建筑词汇的真正意义和历史的本质。这是一个真实的引人入胜的公园，皮吉奥尼斯以一种考古学中"层化"的概念，使传统和当下互为映衬，并使历史精神焕发。与康斯坦丁迪斯不同，对皮吉奥尼斯而言，建筑可以是一个装置，一个人造物，但是它应该有一种力量去介入环境并在其中呈现当下的节奏，一个停顿，但历史还在继续。他不是那种表面上的"地域主义"者，而是在根子上服务于传统，在历史的旋律中拨动着当代的音符。

杂文《地方的魅力》旨在分享一种建筑观念，在这里，地方的资源和条件是建筑不可或缺的一部分。地方是一个美妙的字眼，蕴含着人类向往和迷恋的诗意，是远方也是家园，是中心也是边陲，是记忆是梦想更是鲜活的当代人生活的现实。地方也是世界的一部分，每个地方纵然有其特定的自然和人文特点，有植根于此的内在气质，也要能不断吐故纳新，敞开胸怀，去拥抱世界的普适价值和智慧，来丰富地方特质。闪耀在历史和地理时空中的那些智慧、经验、思想和实践向我们述说的正是这样一些有关"地方魅力"的动人故事，它们穿梭在古今之间、东西之间，必定也在西南之间。

原载《西南之间—第一届西南建筑论坛》，天津大学出版社，2015年

朱竞翔

摄影：韩国日

作为一种乡村建设路径的轻型建筑系统
——徐州陆口村格莱珉乡村银行

史永高

来到陆口村，是因为悄无声息地，朱竞翔团队在这里完成了一栋小房子。

离徐州两小时车程，这是一个人口稠密的村落。不似苏北大地上那些南北朝向一字儿排开的"庄子"，它纵横交错，简直就是一个小市镇。进村的路不宽，有妇女们三三两两地出行。冬日的早上，她们用围巾把头包起，见到外面来的陌生人，仍旧会把头扭向一边，又偷偷地瞄过来，让我想起幼时家乡那些尚未出嫁的姑娘。拐入一条更窄的小路，便几乎是贴着红砖的山墙在前行。微茫中，见到前面有浅色的屋顶从村中灰瓦的坡顶后面升起，它便是我们要看的小房子了，格莱珉银行陆口村支行。

两层高的小房子以水泥板覆面，并涂成绿色，打破了冬日周围的肃杀。山墙在一层的位置，去掉了水泥板而代之以红砖砌起，在西侧为便于在侧院中生火做饭，东侧临路，则多多少少是在向其他的砖作民房看齐。自东山墙上伸出一个长长的雨棚，落在路边的钢架上，定睛一看，这个沿路边展开绵延十

清晨时分自西北方向远视

311

几米的钢架中竟然藏着一排字母：GRAMEEN CHINA，那分明就是在向米拉雷斯（Enric Miralles）[1]致敬呢！房子南侧阳光普照之处是空地，被周边的房屋围成一片长方形，向着东边的道路敞开。红绿相间的广场砖在雨后宛如田间的沟垄，但是大部分的时间却难免都蒙着一层尘土，灰灰的红和灰灰的绿。在这村子里，这样的地方是如此缺乏，只要是块硬质铺地，便总能聚集人们来此。而眼下已是寒冬，小房子前两条长长的红砖砌就的条凳上，自然是坐满了晒太阳的老人。

一、原型的嬗变

自2008年以来，这一团队以其对轻型建筑系统持续而系统的研发和实践为人所

自东南看建筑整体和入口

知。与这种工作不同的是，格莱珉银行则是选取一个合适的既有原型，并在此基础上做出适应性调整。直接的原因是从接到任务到投入使用只有8周时间，这使得研发一个新的系统几乎不可能，但是却也成为一次机会，来验证此前几年中研发的轻型建筑系统的适应性。

一年前在四川完成的白水河自然保护区宣教中心（见《建筑学报》2013年9期），被选作这一项目的工作原型。据说直接的原因，是其山墙立面近乎完美地诠释了格莱珉银行的徽标。从专业角度来说，则是其方形加三角的形式特征，契合人们潜意识中对于家园的想象，同时这一以住宅为考量的原型开发，也易于承担乡村银行的空间需求，从而在形式和尺度两个层面都使其更容易被嵌入到苏北的农村肌理中去。

这一建筑不仅在地形特征上区别于作为原型的白水河项目，由山地而至平原，具体的场地环境也由白水河相对的荒野状态转为稠密的乡村社区。于是现有的乡村肌理规定了它在场地中的坐落方式：长向朝南，山墙面路，与周围农房几乎无异。山墙和檐面皆以对称呈现，向周边民居靠拢。苏北这一带房子物体感强、形体楞、色彩黯淡沉着。因此银行的外墙虽大多覆以水泥压力板，但山墙在底层以红砖砌筑，以建立和其他房屋的材料关联，也回应当地可使用的劳力技艺。而另一方面，它同时又以大面积的绿色凸显于周围，上面还顶着个白色的、几乎是亮闪闪的坡顶，最高处则是一条很窄的采光天窗，从而呈现了乡村中公共建筑的某种特殊性。当万物开春、草木发芽时，绿色的主色调，又会使这个置身乡村的房子，恰当地融入更大的乡村自然环境中去。

建筑虽为两层，但比周边的单层民房其实也只稍高一点，这是因为其内部空间从结构到尺度都更为经济而紧凑。一个由服务空间构成的核心筒占据了整个房子的中心，周边空出，这使得室内空间在感觉上远比实际的要宽敞。顶上的阁楼矮是矮了点，不知是谁的主意用白色的网把它兜了起来，反倒煞是可爱了。

二、效能的提升

空间结构上的革新，不仅改变了当地民居的内部空间大而无当的弊病，更重要的是它有利于提升室内的微气候条件。徐州地处采暖带，冬季寒冷，乡村尤甚。而这房子说起来是银行，但因为是村里目前唯一的公共建筑，其实承担了多重功能，从培训到宗教，无所不包。三套整体卫浴极大地改善了这一建筑使用上的舒适性，还可以让孩子们在冬天隔三差五地来洗个热水澡。促成这些事

儿童在阁楼上戏耍

情的高战先生，是一位天生的演说家，面对一屋子的人，坐着的他说着说着竟不自禁地站了起来，面向村民们还有稀稀拉拉的学者们慷慨陈词："什么是有尊严的生活？不是红白喜事时呼朋唤友，不是守着个大房子但里面却空空荡荡！有尊严的生活就是男人不再让女人在冬天冻裂了手，就是男人让孩子在冬天也可以洗个热水澡，就是让他们在夜间上厕所时不会再受冻！"[2]

如果说上一代的村民可以接受室内的四季分明甚至要以此来嘲笑城里人，年轻的一代则更希望在室内四季如春，尤其是春节回家团聚的时候——经过城市文明洗礼的他们，已然拥有了不一样的身体。因此，房子虽在乡村，或者正是因为身在乡村，围护系统的物理性能便绝非可有可无。在采用白水河保护站作为原型的同时，格莱珉银行做了两点改变：一是适应地形而在空间上不再架空，但仍然以钢桁架把地板抬离地面，隔绝潮气，实现"六个面连续的绝热"[3]；二是虽然长向的檐口仍然稍稍挑出外墙，但是外墙面板与空腔在这里成为了集热墙（trombe wall）：朝阳面深色面层会在晴天收集热能，其背后空腔中被加热的空气，在冬季可以源源不断地通过洞口涌入室内，在夏季则可以自外挑的檐口散出，两种状态由位于二层的可由用户操控的翻板活门的开闭来控制。在那波澜不惊的木纤维水泥覆面板的后面，其实隐藏着热工设计上的惊人细致。这些措施与外墙上的小型开口以及六面全保温等手段一道，保证了在冬天，室内的热舒适度得以大大提升[4]。因为优良的整体保温性能和房屋材料较

热空气出口以及控制气流路径的翻板

低的热容，在密闭情况下，房间人越多，待得越久，室温也升得越快和越高。屋面的白色金属板减少了顶部辐射得热，斜面上设置了威卢克斯天窗，它们可在夏季利用烟囱效应将热空气从房屋高位排出，也能带来多向的穿堂风，从而改善夏季的室内舒适度。

在乡村现代化的过程中，风貌当然是重要的，这部分源自它是"乡愁"的载体，但是人们也会逐渐意识到，比风貌更为重要的其实是性能。因为对于具体的使用者而言，非视觉品质的影响更为直接而持久，因此其在价值上要远远高于视觉性品质。此时，基于性能提升而来的美将不仅是一种视觉品质，还代表着一种更高阶段的综合效能。做到这一点，往往在于系统的整合而不是分离，虽然分离往往是一个不可避免的阶段[5]。

三、工作的机会分布与级配效率

这种整合牵涉到很多抽象的思维过程，为那些民间做法难以抵达，若仅仅依赖工匠们的经验，需要非常长的时间来解决，然而这正是大学的优势。

与国内目前使用的大部分轻型建筑系统相比，这个整合了大学多种资源的团队所做的相对是个"高技术"活儿，构件层级多，精度要求高。为了达到这一标准并防止出错，建筑的上部结构几乎完全预制，运至现场干作业完成，这事实上成为保证质量和舒适度的前提条件。挑战在于，对乡村发展来说，如何通过这些活动，带来新的工作机会，从而带来改善生活的希望，而不再仅仅是城市资本和大工业生产的入侵？

从项目完成以后的统计中，可以发现绝大部分的材料采购和加工都在本地区完成。那些预制的任务在具体执行时被分散到诸多乡村作坊中去，而非集中在一个工厂里面，这使得不具备大规模资金筹措能力但是却有一定手艺或是工业生产能力的人，可以参与到建造活动中来。这种分散所具备的灵活性还可以错开乡村里的农忙时节，从而在新的条件下，再次实现农民兼做工匠的乡村传统。它也使得建造这个复杂的活动，可以衔接工业生产与乡村仍旧留有的手艺，成为一个集体完成的任务。在这个过程中，技术仍然是初级的，但是新的建造方式和组织建造的方式，使得知识与设计的价值得以凸显[6]。

分布式的生产意味着跟用户打很多交道，因为唯有在了解和信任的基础上，分布式生产的工作方式才能有效进行，其中时间上的巨大消耗是不言而喻的。在这种情况下要维持较高的效率，意味着由技术概念的提出到具体设计的发展，到生产厂家（作坊）的遴选和运输方式的甄别，到现场基础的施工，要有一个很好的工作级配。在这个级配中，设计团队将是核心平台，不仅要着力发展和完善类型，而且需要持续关注和比较每个地区的材料供应和人力成本，这才得以把具体的生产分散到民间去。在这种模式下，工厂的含义与其说是进行规模化的生产，不如说是一个小型的，但又是非常领先的、实验性的工作坊。分散而融入民间的建设活动，将可能带动当地的就业机会，更新原有的工艺。它不仅为村民提供全面发展的机会，也推动乡村的逐步更新，并使其具有持续成长的可能。

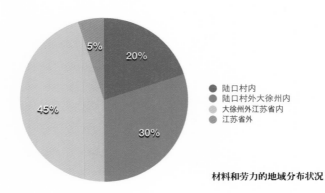

5%
20%
45%
30%

● 陆口村内
● 陆口村外大徐州内
● 大徐州外江苏省内
● 江苏省外

材料和劳力的地域分布状况

四、乡村建设

位于陆口村的这个格莱珉乡村银行，固然是设计团队优秀的专业素养的物化，然而在此时此地，它似乎成了许多线索的交点：大学团队的设计产品，乡村分散式的生产组织，置身于乡村的公共建筑，致力于提升最贫困人群生活品质的银行机构。所有这些，汇集到这座小小的建筑，也使它可以成为观察当下乡村建设的一个窗口。

曾经，乡村建设是对城市的拙劣模仿，如今，乡村建设又俨然成为对乡愁的浪漫想象。在这种想象中，现实的需求被漠视，只为了满足旅游者的喜好。乡村，已然分化为两个不同的世界：一种为着来自城市却对乡村抱有情怀的旅游者，另一种则远离被旅游的可能而固守一种本真的乡村生活（常常是不得不保持）。前者被张扬，甚至是当代乡村讨论的焦点；后者则沦为沉默的大多数，被忽视。但正是这沉默的大多数，恰恰最需要得到关注和帮助。陆口村大约属于后者。

出生于这里并促成格莱珉银行落地中国的高战先生，他个人的经历也几乎可以看作是中国当代乡建道路尝试的一个缩影。据他说，很早，他便投入了乡村问题的实践，他一次次地因为政府出台政策中的亮点而激动，竟至于在十年前要回到陆口村竞选村长。当一个个政策在执行中逐渐褪色，他明白政府的力量是有限的。这些过程让他意识到农村的改观，更要依赖民间的力量；乡村建设中的金融投入要贴近生活和需求，要小规模，可持续，而非政府主导的那种常常远离生活实际需求的突击式投入。两年前他变卖了在北京的房产，回到家乡，几乎是依靠一己之力，希望能够从最基层开始，以金融服务为切入点，来进行自己的乡村实践。在经历多年的摸索之后，他现在认为格莱珉银行的做法真是好：不要担保不要抵押，让最贫困的被所有机构都遗弃的人可以一起来改善自己的生活；通过每周的聚会来促进小组成员之间的交流，完成由熟人向朋友的过渡，真正地助人自助；从来不谈政治，因此虽然每周有小规模的聚会，但是从来不给政府添堵；只贷款给妇女，因为她们坚信对于健康、教育、饮食，所有这些生活之根本，妇女永远比男人会更为关注，因而也更为可靠；从来不提空洞的口号，永远只专注于具体的事务，比如要有干净的卫生间，不留空地而多种蔬菜，等等。他会由衷地赞叹：尤努斯[7]真是一位心理学大师也是一位政治学大师！诺贝尔和平奖得主常常与政治的敏感相联系，但是这位2006年的得主却曾得到习主席和温总理的接见。

格莱珉银行的这些策略，由现实问题而生，并且也在现实条件的制约中去寻求出路。盛纳这个银行的轻型建筑，似乎暗合了这样的理念：它在乡村营造硬质的室外公共空间，并通过热工性能的提升改善室内舒适度，以此让乡村能吸引人并留得住人；它以建设为中心展开乡村生产的升级与再组织，并争取可能的民间金融的支持，从而在一个典型的半工业化状况下努力实现工业生产与手工艺的联接，农民与建造者的联接。这些特征，不是对他者的模仿，也非对乡愁的眷顾，事实上已经建议着一条前瞻而非后顾，基于现实而非想象的乡村建设的可能路径。

后记

此时，春节刚过，满屋的村民中，有不少便是当初参与这个房子建造的，当幻灯片上出现他们（老人）和她们（妇女）的照片时，既有来自周围的掌声，也有她们不好意思的低头微笑。现在，外出打工的当家人回来了，得要合计一下家里的房子到底该如何弄了。朱竞翔讲了他的轻型建筑系统，我不知道没有经历过建造环节的村民们是否听得懂，但是他们大约会听得懂他的最后一句话："给人以希望的建筑才是好的建筑。"

给人以希望的建筑才是好的建筑，这是一句多么正确却又空洞无用的话。然而，在这里，置身于房前晒太阳的老人中间，置身于桌旁这些双手冻得裂开了血口却丝毫不以为意的母亲们中间，置身于这些打工回来终于能够与家人团聚的汉子们中间，在这外面依旧很冷，而里面却慢慢热腾起来的时候，这句空洞的话，却又变得那么真切。

原载《建筑学报》2015年第7期

注释:

1.恩瑞克·米拉雷斯（**Enric Miralles，1955—2000**），西班牙建筑师。常常把构件（包括字母）进行尺度上的变异，创造一种戏谑化和陌生化但却又不无道理的结果。

2.摘自高战在格莱珉乡村银行研讨会上的发言。2014年2月26日，徐州市陆口村。

3.夏珩、朱竞翔.轻型建筑围护系统的热物理设计——新芽轻钢复合建造系统的项目案例.建筑学报, 2014(01): 106-111.

4.在2014年底的冬季建造时，集热墙的风口温度经实测可以达到28℃（此时室外气温大约为5℃）。一般的冬季晴天状态下，在没有室内其他采暖设备的情况下，室内温度可以比室外提升5至10℃（数据来自朱竞翔工作室）。

5.当下许多类似实践因为非常强调以外来的骨架与在地化的围护体（材料和做法）的结合，往往会被误认为他们不注重或不能注重房屋的物理性能，事实并非如此。但是，在这些建造系统中，骨架和保温（围护结构）是分离的，而当结构与围护不能联合工作时，常常会产生不兼容性，结构的决定会在保温上制造很多冷桥，影响最终的效能和效率。

6.与这种组织和生产模式相对的，是用一个工厂把所有事情完成。或者去控制一个工厂，提供样板的框架，其他人愿意跟从这个样板的时候，需要从这个工厂来采购整套的房屋或是核心部件（在这种任务下，常常便是轻钢结构框架）。

7.穆罕穆德·尤努斯（Muhammad Yunus），孟加拉国著名经济学家和银行家，开创和发展了"微额贷款"服务，专门提供给因贫穷而无法获得传统银行贷款的创业者。2006年，"为表彰他们从社会底层推动经济和社会发展的努力"，他与孟加拉乡村银行共同获得诺贝尔和平奖。格莱珉银行有超过96％的贷款都用来资助女性，因为她们更为深切地遭受贫穷之苦，同时却对家庭的维系和发展付出更多的努力并承担更重要的角色。为着消除贫穷的目标，尤努斯还建立了格莱珉-达能食品公司，向穷人们提供营养而廉价的婴儿食品，以及开展低成本的眼睛保护和视频会诊的乡村医院项目。这种微型贷款模式已经在世界多个国家（包括发达国家）进行，2014年5月，尤努斯启动"格莱珉"中国计划，指导中国公司按照尤努斯倡导的社会企业模式运营。获得尤努斯的授权后，尤努斯中国中心的高战先生使用自有资金在自己家乡江苏徐州陆口村开始了全新尝试。位于陆口村的这个乡村银行是格莱珉在中国大陆地区的第一间。

左靖

摄影：慕辰

劳作与时日

苏七七

读《黟县百工》前，我去过一次黟县关麓村，比起已经商业化的宏村与西递，关麓显得朴素宁静，村子里人很少，老宅子的白墙青瓦经历了漫长时间，颜色变得不那么纯粹，白墙有雨水浸渍的痕迹，青瓦则褪了色，黑色透出灰来。建筑的线和面还是那样简净，虽然有些宅子荒芜了，院子里长着茂盛的杂草。我们沿着一条小巷子往里走，看到一户人家的门楣挂着块"夹心香干"的牌子，于是就走进去看看。

这不是个商店，只是普通人家的一间厢房，一张大桌子上备了材料，然后两三个人在做香干，一小叠一小叠地堆放着——另有一些已经塑封好的，可以出售。他们热情而家常地招呼，我买了两包，味道很好。这里没有到处一样的、工厂大批量制作的旅游纪念品，小店的产品很单一，却真正是本地的特色出产。

——在读到《黟县百工》"馈饮会"中的夹心香干时，我立刻回想到那趟关麓之行，照片里的大桌子，一叠叠香干，可不是亲眼见过的？于是顿觉亲切。文章里写到这小店是夫妻两人开的，"夫妻两人吃过早饭就要开始工作，完成沥豆浆煮豆浆等繁琐的工作后，十一点多开始包香干，一直忙到晚饭。""豆干手艺是祖上传下来的，夫妇俩从结婚做豆干，做到现在已经差不多三十年了，他们似乎没有想过当初为什么要做豆干，父辈们干这行，自己也就跟着承袭了父业。现在他们也乐于守着这份家业，虽然忙碌劳累却也踏实心安。"

这也是皖南乡村让人"心安"的地方吧，在经历过政治经济的巨变之后，还有未被破坏的自然、建筑，以及俭朴善意的人。农业社会的余晖还未散尽，像是薄暮，却并不只是凋零和凄凉，而依然有一种沉着的美，因为有山川田园，因为有历史人文，然而最根本的，还是有尚未完全消失的劳动着的人，劳作的气息。

一片土地，得有人在这里劳作，才能感觉到它的真实和亲切。在读《黟县百工》时，有时是非常感动的，记忆与记录交织在一起，涌上心头是一种乡愁，一种"它还在那里"的欣喜与一种"田园将芜胡不归"的自问。这个调查项目由左靖带领安徽大学的学生，历时三年完成（2011.07—2014.01），但它不只是一份对濒危工艺的调查和保存，里面有调查者的价值观与感情，并且采用了一种很优美的叙事文体，记录下整个寻访过程：路途、景物、人、场所、物、

《黟县百工》，金城出版社，2014
装帧设计：杨韬

《黟县百工》内页

故事。作为一份调查报告，它调查的不只是百工，而是在寻找百工的坐标点时，呈现出整个的时间、空间与人的坐标系。

显然这份调查报告是合作写成的，但是各部分有一种相当接近的清新而耐心的风格，这种风格与其说是统稿的结果，不如说是叙事对象带来的影响——手艺人的劳作，总是需要相当的耐心，成品往往有一种工业制品无法具备的清新之气。《黟县百工》几乎像是画卷一样向读者呈现了乡村生活之美，这种美在百工这里交集，其实却是从时序，从物候，从生活中生长出来的。

书里写到一个叫查冬方的犁田师傅，十几岁学的犁田，一辈子都在给人犁田。"他每天早上四点钟起床去放牛，六点半牵着吃过露水草的牛回家。吃过早饭，八九点牵牛去犁田，一亩田一上午就能犁好。中午回来，他喝点稀饭就能对付过去，如果下午无田可犁，便躺在堂屋的椅子上打个盹，三四点时再次出门放牛，太阳落山时赶牛回家，晚餐丰盛些，他会做两个菜，独自吃，偶尔喝点小酒。他不爱看电视，也没有什么其他的休闲，晚上八点不到就睡了，日复一日，因为无妻无子，这牛便是家人。"这是一个依然完全按照农业社会的时令来生活的人，一年里四季，一天里的晨昏，他并不"与时俱进"，可以不用手表和时钟，不用将时间细分到秒。

还写到一个养蜜蜂的叶至诚师傅。"油菜花逐渐凋零，就是叶师傅离开家乡的时候了。从四月直到九月，租一辆货车，带着他的蜂群和蜂箱，有时或许会雇上一个伙计，更多时候他是孑然一身，从黟县出发，经过江苏、山东、河北等地，最北达到内蒙古，接着枣树、槐树、荆条、桂树等蜜源植物的花期，在全国各地四处追逐放蜂，在不同的场地间辗转。碰到不好的天气或转场稍微晚上那么几天，所收获的蜂蜜就很少，如此直至百花凋零，才是养蜂人归家的时候。"养蜂的收益并不高，一度叶师傅卖了蜂箱去城里打工了，但不久他又还做回了本行。"和这些可爱的小精灵打惯了交道，给别人打工时总有些拘束。"——在乡村生活里，人和植物动物的关系是很亲密的，人是生物链中的一个环节，但是是一个谦卑的环节，种树、种菜、养蚕、养蜂，都既是生计，却又都用上了自己的心。

时序物候里流转的，是人的生死，大部分手艺都是为生活着想的，衣食住行，样样都从自己的一双手里做出来，生活往往俭朴，像刀板香、臭鳜鱼，是年节的美食，平常居家的豆腐干，出门在外的渔亭糕，是生活的底子。但又有艺术之奢与生活之俭相对照——石雕木雕砖雕等等都以工细见长，乡绅阶层将美及对美的追求很大一部分附着在了"家"的物质实体上，徽派建筑是乡村文明与文化的最重要的载体。随着生活方式的变化，许多手艺也在凋零之中，但书中写到的几种独特的手艺：做寿衣、做棺材、给棺材上漆——这些手艺却还在顽强地绵延。老人们认真地对待自己的身后之事，里面有一种静默的达观，对人的肉身有限性的不自觉的体认。

在绵延的时日中，乡村之美是在劳作中形成的，它的美在于它的节奏与尺度——节奏应和着自然，而尺度来自于人自身。

我在阅读《黟县百工》时，常常能感到一种久违的节奏，只有在农业社会度过童年的人，才能体会这样的节奏吧？工业社会的时间是人为的划分，小时分秒的精确计量中，以创造最大的劳动价值为目的，而农业社会的手工劳作呼应着自然，寒来暑往，日落月升，时间有它本身的结构，人们在千百年来熟稔于这个结构，并在这个结构中安排了各种各样的劳作，这种劳作的要领在于等待与珍惜——总有一个具体的时间做合适的事情，不管是农事、嫁娶还是日常事务，劳作可以是从容而踏实的，它从一个时间开始，在一个时间结束，有完整的程序，内在的起承转合。

在经历了工业社会的刻板节拍，信息社会的瞬息万变之后，人们重新追怀起农业社会的节奏来，然而农业社会的节奏并不"悠闲"，劳作是艰苦的，经验的长期沉淀也积累了快速有效的方式，一个好的农民与工匠，都是极为勤劳耐心的。但手工劳作有一种整体感：它从自然的时间结构中得到了一段相对完整的时间，来产生一个完整成果，像一个乐句藏在一个乐章之中，呼应着外在的节奏，又有着内在的节奏。这种节奏的美感更多地体现在劳作的过程中，而各种劳作的交织，又组成了一个乐章，组成了乡村生活。

富有节奏感的劳作是赏心悦目的，然而当它成为观赏对象时，也意味着这种劳作已经从它的"乐章"中脱离出来，而乐章本身，已经在社会的巨变中支离破碎。在读《黟县百工》时，能感受到写作者们的补缀式的努力，寻找，整理，分类，建立起结构——梳理一个个乐句是必需的，然而整部乐章的原样恢复是无望的：这种无望在于历史的无法回头，而百工们必须在与当代生活的结合中找到它的存在方式。

与节奏互相关联的是尺度，或者说体量问题。因为原材料与劳动者的天然限制，手工劳作不可能有特别庞大的作品，因为不借助于机械，不能无限复制，也不可能有特别巨量的产品。那些小作坊往往都只有很小的铺面，或者在家里生产，到市场中叫卖。人们的需求基本上是俭朴节制的，手工劳作也是在俭朴节制的前提下，追求生活的、审美的、精神的更精致的可能性。这是前机械复制时代才有的劳作与成果的艺术属性与道德属性，劳作中有更多的投入，使用时有更多的珍惜。人们还没有在消费社会制造出的各种需求幻像中迷失，而朴素的自我，是手工劳作的尺度的根源与依据。

工业化与现代化几乎完全改变了人对节奏与尺度的感受与认识，人越来越远离了自然与自我，《黟县百工》带来的，是"灵光"的再现，让人重新思考自我与自然、与劳作的关系。本雅明说："即使是最完美的复制也总是少了一样东西：那就是艺术作品的'此时此地'——独一无二地现身于它所在之地——就是这独一的存在，且有这独一的存在，决定了它的整个历史。"而"灵光"，是"遥远之物的独一显现，虽远，犹如近在眼前。"

原载《碧山07:民艺复兴续》，中信出版社，2015年版

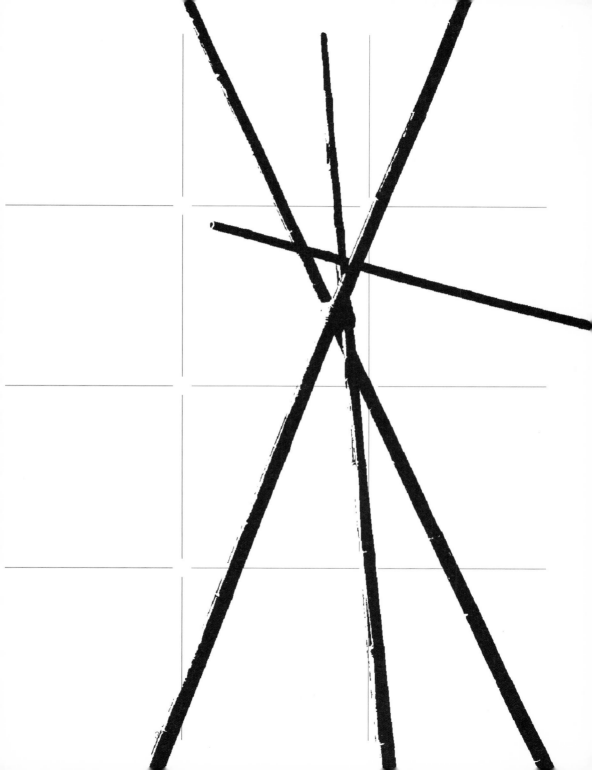

图书在版编目（CIP）数据

平民设计，日用即道：第15届威尼斯国际建筑双年展中国国家馆 / 左靖主编．-- 上海：同济大学出版社，2016.5

ISBN 978-7-5608-6301-6

Ⅰ．①平… Ⅱ．①左… Ⅲ．①建筑设计－作品集－中国－现代 Ⅳ．①TU206

中国版本图书馆CIP数据核字(2016)第083616号

平民设计 日用即道——第15届威尼斯国际建筑双年展中国国家馆
左靖 主编

出 版 人：华春荣
策 划：秦蕾 / 群岛工作室
责任编辑：秦蕾
特约编辑：宋群 李争
责任校对：徐春莲
装帧设计：意孔成像＋老许
版 次：2016 年5 月第1 版
印 次：2016 年5 月第1 次印刷
印 刷：上海中华商务联合印刷有限公司
开 本：787mm×1092mm 1/20
印 张：17
字 数：425 000
书 号：ISBN 978-7-5608-6301-6
定 价：108.00 元
出版发行：同济大学出版社
地 址：上海市四平路1239 号
邮政编码：200092
网 址：http://www.tongjipress.com.cn

Daily Design, Daily Tao
15th International Architecture Exhibition- la Biennale di Venezia
China Pavilion
by: ZUO Jing

ISBN 978-7-5608-6301-6
Initiated by: QIN Lei / Studio Archipelago
Produced by: HUA Chunrong (publisher), SONG
LI Zheng (editing),
XU Chunlian (proofreading),
LAO XU(graphic design)
Published in May 2016, by Tongji University Press,
1239, Siping Road, Shanghai, China, 200092.
www.tongjipress.com.cn

光 明 城

LUMINOCITY

"光明城"是同济大学出版社城市、建筑、设计专业出版品牌，由群岛工作室负责策划及出版，致力以更新的出版理念、更敏锐的视角、更积极的态度，回应今天中国城市、建筑与设计领域的问题。